纺织服装高等教育“十三五”部委级规划教材

服装设计实务

胡叶娟 主编
张 融 张瑞利 副主编

東華大學出版社
·上海·

内 容 提 要

本书立足于服装设计核心岗位，适合行业发展和服装设计教育课程改革的需要，培养学生的创造性思维、设计实践能力。全书内容包括单品服装款式设计实训、专项服装设计实训、服装展示发布三个项目。从品牌特征、产品定位、设计特点等方面系统地介绍服装品牌及款式设计要点。

图书在版编目（CIP）数据

服装设计实务/胡叶娟主编. —上海：东华大学出版社，
2019.3
ISBN 978-7-5669-1130-8

Ⅰ.①服… Ⅱ.①胡… Ⅲ.①服装设计—教材
Ⅳ.①TS941.2

中国版本图书馆 CIP 数据核字（2016）第 211137 号

责任编辑 冀宏丽 李伟伟
封面设计 Callen

服装设计实务
FUZHUANG SHEJI SHIWU
主　　编：胡叶娟
副 主 编：张 融 张瑞利

出　　版：东华大学出版社（地址：上海市延安西路 1882 号 邮政编码：200051）
出版社网址：dhupress. dhu. edu. cn
天猫旗舰店：http://dhdx. tmall. com
营 销 中 心：021-62193056 62373056 62379558
印　　刷：苏州望电印刷有限公司
开　　本：787 mm×1092 mm 1/16
印　　张：7.5
字　　数：240 千字
版　　次：2019 年 3 月第 1 版
印　　次：2019 年 3 月第 1 次印刷
书　　号：ISBN 978-7-5669-1130-8
定　　价：39.80 元

前　言

本书为纺织服装高等教育“十三五”部委级规划教材，主要教学目标是综合培养学生的创新能力、职业能力和团队协作能力。依据现代高职高专以就业目标为导向的授课特点，按照专业教研室对专业人才培养目标的定位和对课程体系的架构方案，基于对服装设计职业所需的核心能力，打破传统知识授课的模式，转变为以工作任务为中心组织课程内容，让学生在完成具体项目的过程中学会完成相应工作任务，最终掌握专业知识。

随着学科研究的不断深入与发展，服装企业对服装设计师的要求日益提高，对服装设计教学不断提出新的要求。全书分为单品服装款式设计实训、专项服装设计实训和服装展示发布三个项目，内容设计突出对学生职业能力的训练，理论知识的选取紧紧围绕项目任务完成的需要来进行，同时又融合了相关职业资格证书对知识、技能的要求。

本书由河源职业技术学院艺术与设计学院和马鞍山师范高等专科学校艺术设计系教学一线的教师凭借多年的教学经验编写完成，同时得到了河源服装企业的技术指导和帮助。各项目具体撰写人员如下：

项目一由张融、胡叶娟编写；

项目二由胡叶娟、张融编写；

项目三由胡叶娟、张瑞利编写。

由于时间仓促，水平有限，书中难免有不足之处，敬请各位读者和同行指正，不胜感谢！

编者

目录 CONTENTS

项目一 单品服装款式设计实训

1. 知识目标

(1) 理解单品服装款式设计理念。

(2) 掌握单品服装款式设计要点。

(3) 掌握单品服装款式设计效果图、款式图的绘制。

(4) 了解单品服装款式市场动态与国际单品款式流行趋势。

2. 能力目标

(1) 具有单品服装款式设计能力。

(2) 具有绘制单品服装款式效果图、款式图的能力。

(3) 具有分析国内外单品服装款式市场和捕捉最新流行资讯的能力。

3. 素质目标

(1) 团队能力。发挥共同学习、互帮互助的团体合作精神。

(2) 爱岗敬业。具有社会责任感和强烈的事业心,培养良好的职业道德。

(3) 学习能力。主动学习,并使用各种渠道获取学习资料,有强烈的求知欲。

(4) 操作能力。培养学生实际动手能力和解决问题的能力。

任务一 裙装款式设计

任务描述

裙装款式设计是女性服装款式变化设计之一,是服装设计师必备的专业技能。本任务通过了解裙装款式市场动态及流行趋势,运用腰线设计、裙摆设计等要点,进行裙装设计(表1-1-1)。

表1-1-1 设计任务要求

设计任务	裙装款式设计与结构表达
	自拟主题,运用裙装款式设计要点,完成叶依品牌裙装的款式设计
产品风格	叶依品牌服装主打产品为裙装,休闲风格

（续表）

设计要求	1. 运用裙装款式设计要点进行设计 2. 款式设计符合当下流行趋势，具有一定的市场性
设计内容	1. 服装款式图 2. 标注设计说明
完成时间	6学时

相关知识

一、裙装的形式

裙装主要有两种形式：一种是连身裙，也称连衣裙，指上衣与下裙连成一体的服装款式，连身裙的主要特征是线条优美流畅。由于腰部采用连身设计，下摆的幅度一般不会太大，通过对胸、腰、肩等部位的余缺处理，给人以高雅清秀、端庄脱俗的视觉感受；一种是半身裙，把人体下半身作为独立整体进行款式设计，主要特征是凸显腰部和臀部造型，西裙就是典型的范例，给人以干练或休闲的感觉。本书主要以连身裙为例进行设计。

（一）按腰线设计

可以分为标准型、高腰型和低腰型。

1. 标准型

指裙腰线位置在腰围线。例如，在腰线部位进行松紧带、皮带等系扎的装饰设计。通过腰线装饰进行设计，以达到款式设计的变化（图1-1-1）。

2. 高腰型

指裙腰线位置在腰围线以上的裙子，这类裙的形状多为收腰、宽摆（图1-1-2）。

3. 低腰型

指裙腰线的位置在腰围线以下。例如，运动款的连身裙，一般将腰线设计在腰围线以下，且下摆较大，以增加动感（图1-1-3）。

图1-1-1　标准型

图1-1-2　高腰型

图1-1-3　低腰型

（二）按整体造型设计

1. 斜裙

通常为喇叭裙、波浪裙，是一种结构较为简单、动感较强的裙装款式（图 1-1-4）。

2. 节裙

结构形式多样，基本形式有直接节式和层叠式斜裙，在礼服中大量采用，设计以表现华丽和节奏感为主（图 1-1-5）。

图 1-1-4　斜裙

图 1-1-5　节裙

（三）按裙摆大小设计

1. 紧身裙

紧身裙结构设计紧贴合人体曲线，在腰部通过收省工艺去掉多余量，造型上突显胸部和臀部的围度，勾勒出女性凹凸有致的曲线。结构设计较为严谨，下摆较宽，需开衩或加褶（图 1-1-6）。

2. 直筒裙

整体造型与紧身裙相似，腰围线以下呈现直筒的轮廓特征（图 1-1-7）。

图 1-1-6　紧身裙

图 1-1-7　直筒裙

图 1-1-8　大摆裙

3. 大摆裙

大摆裙设计重点突出裙摆，一般采用半圆或正圆的设计，设计以表现甜美为主（图 1-1-8）。

任务实施

二、连身裙款式设计

（一）收集相关素材

首先了解任务的主要设计内容，查阅相关服装专业网站与资讯，了解最新的服装流行趋势，包括服装色彩趋势、面料趋势等，并分析调研数据，整理归档与主要设计内容相关的重要素材，待设计之用。

（二）拟定设计主题

根据收集到的相关流行趋势的资料，通过进行款式设计要点分析，特别是廓型设计、细节设计等，并注入新的设计要素，拟定自己的设计主题。

（三）裙装款式设计

“粉墨年华”系列裙装灵感来源于冬季，冬天是一个非常适合恋爱的季节，正因如此，这个系列色彩主要选取粉色、蓝色和黑色。粉色和蓝色作为上装用色，强调的是满满的少女心，采用黑色作为下装，能让这种少女心恰到好处，既可爱又优雅。系列裙装的款式通过长短变化、裙摆变化等，凸显裙装设计变化的丰富性，如图 1-1-9 所示。

图 1-1-9 “粉墨年华”系列裙装款式设计

任务拓展

以当前某一社会现象或时尚事件为灵感来源，按照连身裙设计要点，进行连身裙系列款式设计。要求不少于 10 款，并附文字说明，表现形式不限。

任务二　衬衫款式设计

任务描述

衬衫既可穿在内外上衣之间，也可单独穿用（表1-2-1）。现代衬衫已打破传统衬衫的设计特点，在领、袖、分割线等多处进行设计，造型丰富多样。

表1-2-1　设计任务要求

设计任务	衬衫款式设计与结构表达
	自拟主题，运用衬衫款式和结构设计要点，完成Zebula品牌衬衫的款式设计
产品风格	简洁、休闲、时尚
设计要求	1. 运用衬衫款式设计要点进行设计 2. 款式设计符合当下流行趋势，具有一定的市场性
设计内容	1. 服装款式图 2. 标注设计说明
完成时间	8学时

相关知识

衬衫根据不同穿用目的，可分为衬衣型衬衫和上衣型衬衫两种形式。

衬衣型衬衫专用于衬托外衣，从着装形式上讲，衬衣型衬衫属于内衣的一种，侧重领型和袖型的设计。

上衣型衬衫由衬衣型衬衫变化而来，且上衣型衬衫独自用于夏秋季节的上衣穿用。由于上衣型衬衫无论是在款式造型、面料选择还是在着装搭配方面都已形成一定的变化，所以上衣型衬衫相对衬衣型衬衫更具设计性和造型特色。

一、领型设计

衬衫的领型设计可以分为无领、立领、翻领和翻驳领。

1. 无领

形状基本不受限制，可为圆领、V领、一字领等。在款式设计时，最关键的一点是确定领深与领宽，难点在于表现出领口的工艺方式及其与衣身结构的结合（图1-2-1）。

2. 立领

一种没有领面只有领座的领型，是将领面竖立在领围线上的一种领型（图1-2-2）。立领造型简洁、利落、挺拔，现多作为中国元素出现在服装上。2014年APEC北京峰会各国领导人身穿新中装，其根为“中”，其形为“新”，其魂为“礼”。男领导人为立领、对开襟、连肩袖、海水江崖纹、宋锦面料（提花万字纹）上衣，女领导人为立领、对襟、连肩袖、海水江崖纹、双宫缎面料外套。

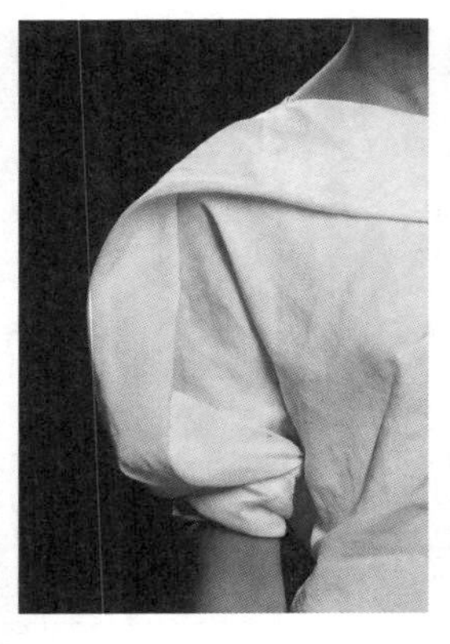
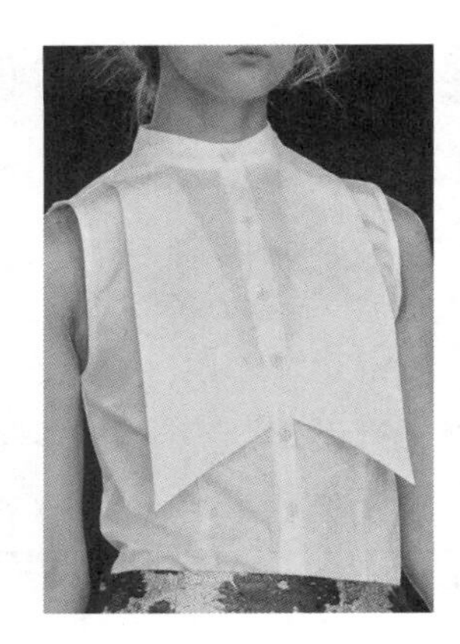

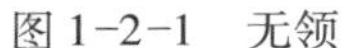

图 1-2-1　无领　　图 1-2-2　立领　　图 1-2-3　翻领

3. 翻领

指翻在底领外面的领面造型。从外观上看，翻领主要由领底线、翻折线、领面、领里以及领台构成。在服装结构设计上，可通过领面大小、长短等变化设计出不同效果（图1-2-3）。

4. 翻驳领

一般指西式服装外装、上装的翻领，是衣领外型的一种。

衣领是上装的一个重要组成部分，由于它处在人们视觉范围最敏感的部位，往往会受到消费者特别的注意。

二、袖型设计

袖型设计是除领型设计以外第二重要的部分，一个有创意的袖型设计能为普通的衬衫增色不少（图 1-2-4 ~ 图 1-2-6）。

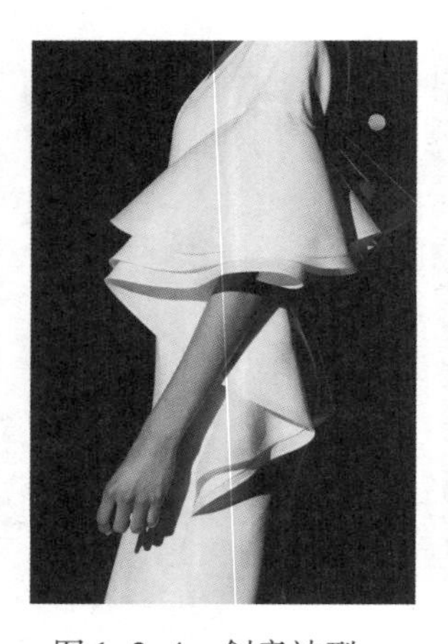
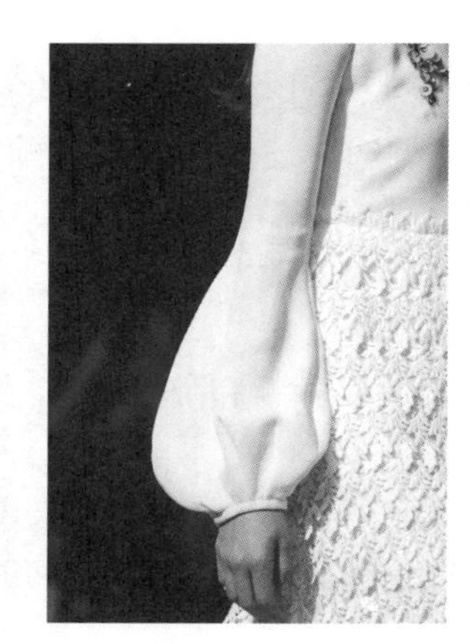
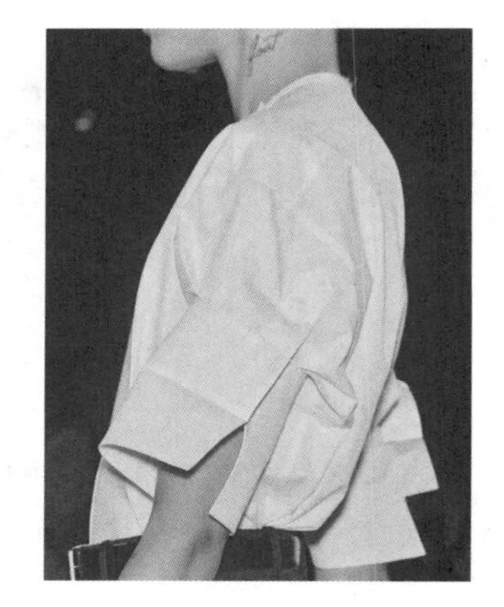

图 1-2-4　创意袖型一　　图 1-2-5　创意袖型二　　图 1-2-6　创意袖型三

1. 直筒袖

指袖身形状与人的手臂形状自然贴合、比较圆润的袖型。袖身上下的宽度变化不大，呈直筒形，袖口有袖克夫。有的还在袖肘处收褶或进行其他工艺处理以塑造理想的立体效果（图 1-2-7）。

2. 灯笼袖

指肩部泡起，袖口收缩，整体袖管呈灯笼形鼓起的袖子。

3. 泡泡袖

指在袖山处抽碎褶而蓬起呈泡泡状的袖型，富于女性化特征的女装局部样式。其特点是袖山向上泡起来，缝接处有或多或少或密或稀的褶（图 1-2-8）。

4. 喇叭袖

指袖管形状与喇叭形状相似的袖子，其特点是袖肩贴体，袖口泡起。

5. 火腿袖

形似火腿的袖型。

6. 蝙蝠袖

袖窿深至腰节附近，衣袖整体造型如蝙蝠翅膀张开状。蝙蝠袖作为非常规袖型的一种，常常凭借着与众不同的优雅气质在“满园袖色”中独领风骚。蝙蝠袖具有遮掩手臂肥胖的效果，功能性与观赏性并具（图 1-2-9）。

图 1-2-7　直筒袖

图 1-2-8　泡泡袖

图 1-2-9　蝙蝠袖

三、分割线设计

分割线作为分割的具体表现形式，是服装设计中最常见的造型之一，对服装本身来说具有重要意义，它是服装设计精确化和具体化的本质部分，其运用得恰当能更好地突出服装造型。

按线型形态方向，划分为横向分割、纵向分割、斜向分割和弧线分割。

1. 横向分割

包括各种育克、底摆线、腰节分割线、横向的褶皱、横向的袋口线等。

2. 纵向分割

一般都有其固定的结构位置，即以人体凹凸点为基准。同时，要注意保持其位置的相对平衡，致使余缺处理和造型在分割中达到结构的统一，完美地体现不同的服装造型（图 1-2-10）。

3. 斜向分割

这类造型线分割活泼、动感，富有力度感（图1-2-11）。

4. 弧线分割

弧线增强服装的线条感，并呈现柔软、温和的女性风韵。如刀背缝、公主线（图1-2-12）。

图1-2-10 纵向分割

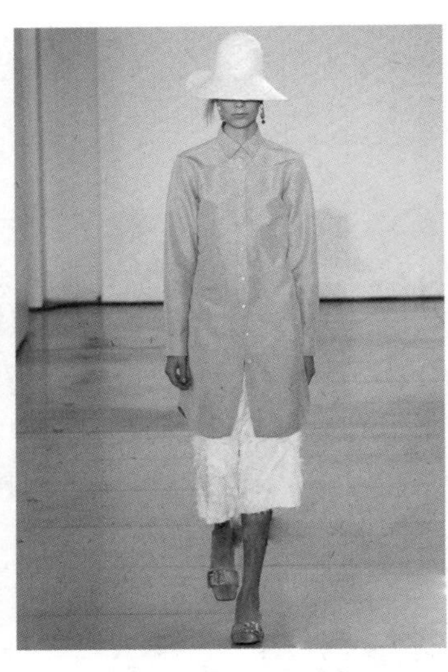

图1-2-11 斜向分割

图1-2-12 弧线分割

按分割线在服装上的位置，划分为领围线、肩线、育克线、腰线、公主线、侧缝线和袖窿线。

任务实施

四、衬衫款式设计

（一）收集时下相关的流行素材

首先了解任务的主要设计内容，查阅相关服装专业网站与资讯，了解最新的服装流行趋势，包括服装色彩趋势、面料趋势等，并分析调研数据，整理归档与主要设计内容相关的重要素材，待设计之用。

（二）分析款式设计要点，拟定设计主题

根据收集到的相关流行趋势的资料，进行衬衫款式设计要点分析，特别是廓型设计、细节设计等，并注入新的设计要素，拟定设计主题。

（三）衬衫款式设计

初衫款式设计可根据衬衫款式的不同，进行领型设计、袖型设计和分割线设计（图2-1-13）。

图 1-2-13　衬衫款式设计

任务拓展

以当前某一社会现象或时尚事件为灵感来源,按照衬衫款式设计要点进行设计。要求不少于 10 款,并附文字说明,表现形式不限。

任务三　外套款式设计

任务描述

服装设计当中,外套的款式设计变化最大,因领型、袖型和细节设计的不同形成了不同的风格。本任务是对服装外套款式进行细致了解，并结合当下流行趋势，运用款式设计的要点，进行外套款式设计（表 1-3-1）。

表 1-3-1　设计任务要求

设计任务	外套款式设计与结构表达
	以仿生设计为主题，运用外套的款式和结构设计要点，完成 Joe 品牌女式春秋外套的款式设计。
产品风格	大方、端庄、典雅，有设计感
设计要求	1. 运用春秋外套的款式设计要点进行设计 2. 款式设计符合当下流行趋势，具有一定的市场性
设计内容	1. 服装效果图 2. 服装正、背面款式图 3. 标注设计说明
完成时间	16 学时

相关知识

一、外套的基本类别和特点

根据面料、衣长、穿着用途的不同，服装外套款式设计主要分为西服、大衣、夹克三种。

（一）西服

西服指人们在日常外出和工作时普遍穿用的服装。西服都是以套装的形式出现，是男性日常最主要的服装之一。虽然这类服装并不要求礼仪性质，在穿用的时间、场合上也都没有限定，但对基本构成和着装的规范仍具有基本的要求（图 1-3-1）。

图 1-3-1　西服

根据造型不同，分为单排扣平驳领西服和双排扣戗驳领西服两种。

单排扣平驳领西服是日常西服的主要造型，平驳领、单排扣、前腰以下圆摆；前门襟扣子通常2～4粒，左胸有一手巾袋，前侧两个双嵌线带盖挖袋；后身可分做不开衩、后中缝开衩、后侧缝开衩等多种变化。

双排扣戗驳领西服造型具有庄重感，20世纪50年代后被一些公司的董事们所喜好，开始形成董事套装风格，着装时扣子是全部扣起来的。

根据领型不同，分为平驳领、平翘驳领、张口戗驳领、戗驳领、翻驳尖领和青果领（图1-3-2）。

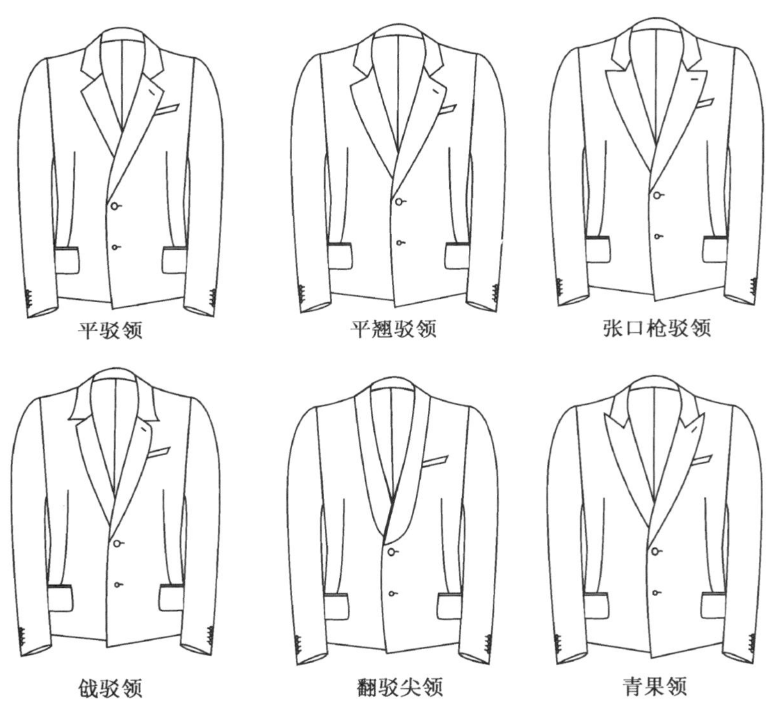

图1-3-2　各种领型的西服

（二）大衣

大衣也被称为外套，是穿在套装外面或穿在最外层的服装的总称，包括大衣和风衣两类。大衣是具有防寒性的外套，一般只穿用于秋冬季；风衣则是属于防尘、防风雨性外套，一般不分季节穿用（图1-3-3、图1-3-4）。

根据造型和面料的不同，大衣可分为短大衣、长大衣、加长大衣，毛皮大衣、羊绒大衣、毛呢大衣、皮革大衣、棉大衣和羽绒大衣等。

（三）夹克

夹克是一种袖口和下摆用针织罗纹面料作克夫边收紧的上衣，最早被当作工作服穿着，具有很好的机能性，现在也被用作运动套装和休闲便装。

图 1-3-3　毛呢大衣

图 1-3-4　卡其风衣

由于夹克穿着舒适、轻便、易于活动,逐渐成为人们追求的一种时尚休闲服装。夹克的面料选择范围很大,丝绸、棉麻、化纤、牛仔布、呢绒、针织布、皮革等都可被用来制作夹克。根据季节的不同,分为不同厚薄的夹克,如单层夹克、夹里夹克、双面夹克、棉夹克、羽绒夹克等(图 1-3-5)。

二、外套袖型设计

外套的袖型设计变化丰富,一般多在袖山头处变化设计(图 1-3-6 ~ 图 1-3-8)。

图 1-3-5　夹克

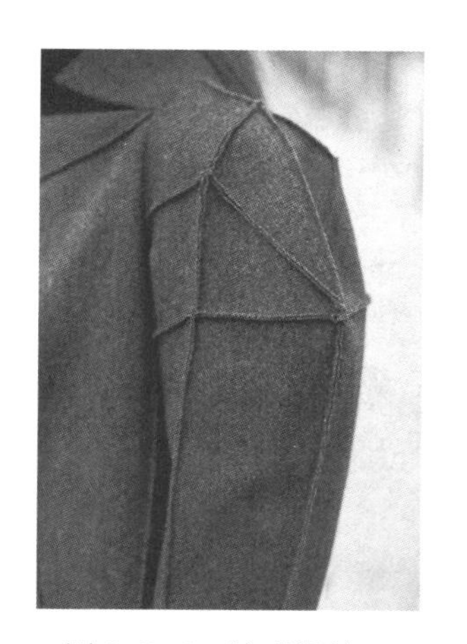

图 1-3-6　袖型设计一

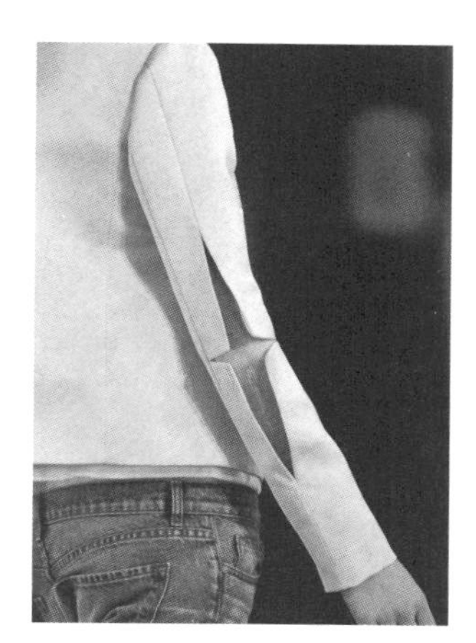

图 1-3-7　袖型设计二

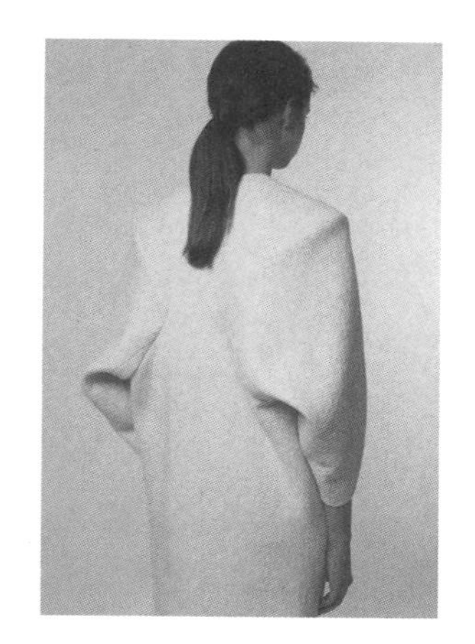

图 1-3-8　袖型设计三

按照袖型结构，分为一片袖、两片袖、三片袖；按照衣袖造型，分为箱形袖和泡褶袖。

1. 一片袖

多用于较轻便的外套，可以通过在后袖口处做袖口省、在袖山收省、在肘处收横向的省达到合体的目的。

2. 两片袖

和一片袖相比，两片袖更合体，袖子的外形美观、线条流畅。

3. 三片袖

是在两片袖结构基础上再破袖山缝的三片袖结构造型。

4. 箱形袖

在袖山上增加一个突出的肩量。

5. 泡褶袖

在一片袖基础上拓展的袖型，加大袖窿弧线的量，量的多少决定褶的大小。

三、分割线设计

分割线作为服装设计手法之一，在外套中也广泛应用。根据外套风格的变化，可以采用不同的分割线设计。（图 1-3-9）。

图 1-3-9 分割线设计

根据分割线在服装上装饰类别，分为自由分割、对称分割、渐变分割和等量分割。

1. 自由分割

即自由折线分割和自由曲线分割，应尽量避免等距离的分割。

2. 对称分割

受到中轴线和中心点的制约，对称分割具有严肃大方、安定平稳的特征。

3. 渐变分割

指分割线的间隔依次增大或减少，并且在变化中具有动感与统一感的分割构成，具有加速度量的变化的快感。

4. 等量分割

不同面积的面料相拼，但是在视觉上却可以产生等量的感觉。

任务实施

四、女式外套款式设计

（一）收集时下相关流行素材

首先了解任务的主要设计内容，查阅相关服装专业网站与资讯，了解最新的服装流行趋势，包括服装色彩趋势、面料趋势等，并分析调研数据，整理归档对主要设计内容相关的重要素材，待设计之用。

（二）分析款式设计要点，拟定设计主题

根据收集到的相关流行趋势的资料，进行女式外套款式设计要点分析，特别是廓型设计、细节设计等，并注入新的设计要素，拟定设计主题。

（三）女式外套款式设计

品牌女装系列灵感来源于中国古代房屋建筑上的屋檐，廓型上采用 A 型、T 型设计，形成挺括、立体效果；面料多层叠加，具有层次感；设计手法上通过不同部位的褶裥变化，体现设计意图（图 1-3-10）。

图 1-3-10　“塑造”女式外套系列设计

任务拓展

以当前某一社会现象或时尚事件为灵感来源，按照女式外套设计要点，进行款式设计。要求不少于5款，并附文字说明，表现形式不限。

任务四　婚纱款式设计

任务描述

婚纱结合紧身胸衣和裙撑打造女性端庄典雅的造型。设计更侧重婚纱上半身袖型、领型、细节装饰设计。本任务通过了解婚纱现代市场流行动态及流行趋势，运用款式设计的要点，自主进行婚纱设计（表1-4-1）。

表1-4-1　设计任务要求

设计任务	婚纱款式设计与结构表达
	自拟主题，运用婚纱款式和结构设计要点，完成Odelia品牌婚纱的款式设计
产品风格	端庄、时尚
设计要求	1. 运用婚纱设计要点进行设计 2. 款式设计符合当下流行趋势，具有一定的市场性
设计内容	1. 服装效果图 2. 服装正、背面款式图 3. 标注设计说明
完成时间	8学时

相关知识

婚纱设计即婚礼服设计，是指新娘在结婚仪式上穿用的服装，是最为正式的礼服之一。婚纱造型设计基本是以夸张下摆的拖地长连衣裙形式出现。传统婚纱是不露出肩、胸、手臂和腿等部位的，而现代婚礼服上半身更趋向晚礼服设计，且更加简约时尚，合乎现代人的审美情趣。

一、婚纱设计的基本分类

从长短上分为短款婚纱、齐地婚纱和拖尾式婚纱。短款适合俏皮可爱、身材娇小的新娘；长款为基本款；拖尾款比较古典，也更加正式、神圣（图1-4-1～图1-4-6）。从造型上分为抹胸造型、带袖造型、无领造型和有领造型。

图 1-4-1　婚纱设计一

图 1-4-2　婚纱设计二

图 1-4-3　婚纱设计三

图 1-4-4　婚纱设计四

图 1-4-5　婚纱设计五

图 1-4-6　婚纱设计六

从款式设计上分为A字型婚纱、直身婚纱、拖尾婚纱、迷你短款婚纱、蓬裙型婚纱鱼尾裙摆婚纱和荷叶婚纱。

1. A字型婚纱

注重视觉的修长效果，整体设计就如同英文A一样。上半身紧身窄小，下半身顺势拉宽，由于腰身并不明显，从上到下呈直线之感，使穿着者更显高挑，是表现身段的首选。

2. 直身婚纱

一般采用贴身设计，凸显身材，呈现性感和高贵。它适合穿着在小而精致的婚宴场地，简洁又不失高贵与大方。

3. 拖尾婚纱

分为小拖尾、中拖尾和大拖尾，拖尾短的40 cm，长的80 cm以上。适合穿着在隆重的婚礼场面，尽显婚礼的奢华与神圣庄严。

4. 迷你短款婚纱

上半身采用贴身设计，下半身腰以下至裙摆自然拉宽，特别适合娇巧和活泼俏皮的新娘。

5. 蓬裙型婚纱

上身设计至腰部紧缩，腰至裙摆部如同伞形撑开，里面有裙撑支撑。使新娘有如公主一样华丽高贵，是新娘选择最多的婚纱款型之一。

6. 鱼尾裙摆婚纱

凸显瘦、窄的设计概念，展现新娘美丽性感的腰身，膝部以下如美人鱼尾般的宽广裙摆，尽显新娘独有的韵致，是一款将服饰与穿着者气质完美融合的婚纱。

7. 荷叶婚纱

立体的领子如风中荷叶轻轻摇曳，不论行与走都动静皆宜。把所有的目光聚集到面部，让新娘更显大气、成熟，魅力十足。

二、婚纱领型设计

婚纱的领型设计较为单一，分为无领和有领两种，但其款式造型和装饰手法多变。

1. 无领

婚纱的领型多为圆领、一字领、V领、鸡心领、心形领和环肩领等，其中V领最能呈现女性完美胸型，故而最为常用。V领分为大V、小V和深V(图1-4-7～图1-4-9)。

2. 有领

分为立领和翻领，婚纱的有领型设计均在立领和翻领的基础款上变化(图1-4-10～图1-4-12)。

三、婚纱袖型设计

婚纱的袖型设计丰富多样。

按长短，分为长袖、七分袖、五分袖、短袖、无袖。

按袖型，分为直筒袖、灯笼袖、泡泡袖、喇叭袖和火腿袖等。

图 1-4-7　一字领

图 1-4-8　V 领

图 1-4-9　深 V 领

图 1-4-10　立领

图 1-4-11　翻领

图 1-4-12　立领

四、分割线设计

婚纱的上半身为了贴合人体，一般采用紧身胸衣的制作手法。分割线设计分为公主线、结构线、造型线三种。设计不同可以体现出不同的着装风格（图 1-4-13 ~ 图 1-4-15）。

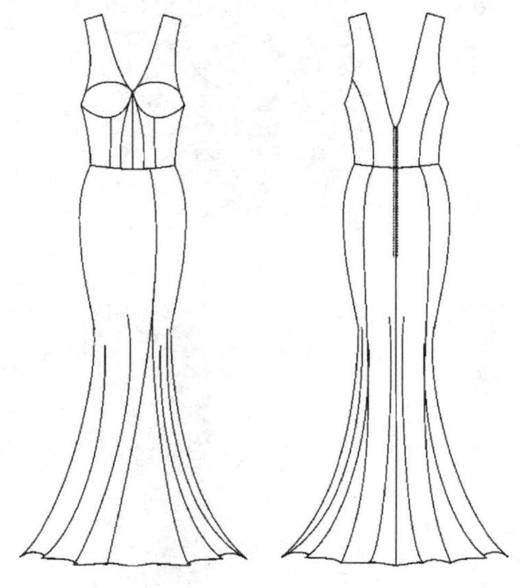

图 1-4-13　分割线设计一

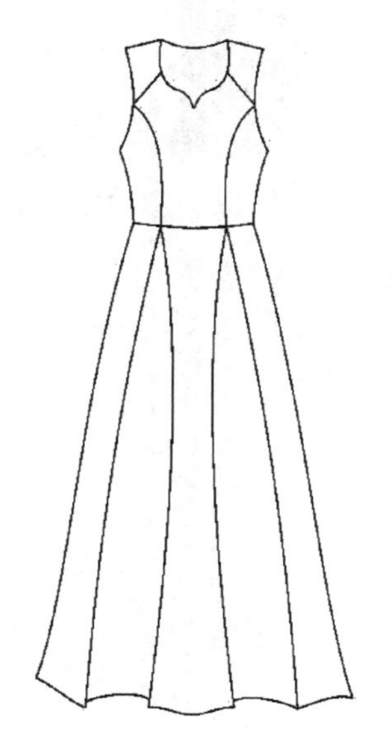

图 1-4-14　分割线设计二

图 1-4-15　分割线设计三

五、下摆设计

婚纱的下摆设计分为：鱼尾型、不规则型、叠层型等。为了贴合人体，一般采用紧身胸衣的制作手法（图 1-4-16 ~ 图 1-4-18）。

鱼尾型下摆呈现鱼尾状,一般用于端庄、典雅风格的设计。

不规则型采用不规则裙摆,突显个性张扬。

叠层型通过层层叠加的立体感,体现出可爱、淑女。

图 1-4-16　下摆设计一　　图 1-4-17　下摆设计二　　图 1-4-18　下摆设计三

任务实施

六、婚纱款式设计

(一) 收集时下相关流行素材

首先了解任务的主要设计内容,查阅相关服装专业网站与资讯,了解最新的服装流行趋势,包括服装色彩趋势、面料趋势等,并分析调研数据,整理归档与主要设计内容相关的重要素材,待设计之用。

(二) 分析款式设计要点,拟定设计主题

根据收集到的相关流行趋势的资料,通过进行婚纱款式设计要点分析,特别是廓型设计、细节设计等,并注入新的设计要素,拟定设计主题。

(三) 婚纱款式设计

“荷韵”系列婚纱设计以荷叶为设计元素,通过肩部、胸部等的变化设计,体现优雅的韵味(图 1-4-19)。

图 1-4-19 “荷韵”系列婚纱款式设计

任务拓展

以某个元素为灵感来源(如建筑物、花卉等),按照设计要点,进行婚纱的款式设计。要求不少于5款,附文字说明,表现形式不限。

项目二　专项服装设计实训

1. **知识目标**

(1) 理解专项服装设计的最新流行趋势。

(2) 掌握专项服装设计的特点。

(3) 掌握专项服装设计效果图的设计。

(4) 掌握专项服装设计款式图的绘制。

2. **能力目标**

(1) 具有专项服装款式设计的能力。

(2) 具有绘制专项服装款式效果图、款式图的能力。

(3) 具有分析国内外单品服装款式市场和捕捉最新流行资讯的能力。

3. **素质目标**

(1) 团队能力。发挥共同学习、互帮互助的团体合作精神。

(2) 爱岗敬业。具有社会责任感和强烈的事业心,培养良好的职业道德。

(3) 学习能力。主动学习,使用各种渠道获取学习资料,有强烈的求知欲。

(4) 操作能力。培养学生实际动手能力和解决问题的能力。

任务一　针织服装设计

任务描述

针织服装已成为现代服装的一个重要组成部分,在家居、休闲、运动服装方面具有独特优势。随着现代技术的发展,针织服装表现出新颖的质感,新型面料技术实现了针织廓型更多的可能性,与各种材质的混搭组合,使得针织无论在街头摇滚、摩登中性,还是性感华丽的风格中都能游刃有余。针织服装具有透气滑爽、穿着舒适的特点,近年来在市场上颇受欢迎(表2-1-1)。

表2-1-1　设计任务要求

设计任务	针织服装设计与表达
	自拟主题,运用针织服装的设计要点,完成叶依品牌针织服装设计

（续表）

产品风格	叶依品牌致力于针织服装的款式设计与开发，主打产品为各种毛衫及外套，注重针对东方体型的版型开发，裁剪舒适简洁
设计要求	1. 运用针织服装款式设计要点进行设计 2. 款式设计符合当下流行趋势，具有一定的市场性
设计内容	1. 设计主题的设定 2. 服装效果图 3. 服装款式图 4. 标注设计说明
设计条件	1. 班级分为四个项目小组，每组设组长一名 2. 绘图笔、纸、颜料等
设计表达	1. 款式设计、廓型要符合当下的流行时尚 2. 结构设计要符合工艺要求 3. A4 图纸手绘或打印提交整体设计方案
完成时间	12 学时

相关知识

随着针织工艺设备和染整技术的不断进步及多样化发展，为及时顺应流行趋势和大众对于款式变化发展的要求，现代针织服装已进入快速发展阶段。

一、针织服装的基本概念和特征

（一）基本概念

针织服装包括由针织面料制成或采用针织方法直接编织而成的服装，它是指以线圈为最小组成单元的服装。材质主要有棉、麻、毛、丝等天然纤维，也有涤纶、锦纶等化学纤维。针织最初用于制作内衣、袜子、T 恤等，具有透气、吸汗的功能，发展到今天，转变为风格独特、时装化的针织面料。针织物的特征对服装造型、结构、制造等方面具有较大的影响，所以设计前需要先对这些特征进行了解，保证设计的合理性。

（二）针织服装的特征

1. 伸缩性

针织面料具有良好的伸缩性，在样版设计时可以最大限度地减少为造型而设计的接缝、收褶、拼接等。针织面料一般也不宜运用推、归、拔、烫的技巧造型，而是利用面料本身的弹性或适当运用褶皱手法来适合人体曲线。针织服装手感柔软，富有弹性，穿着舒适，体现人体线条的同时又不妨碍身体的运动，面料伸缩性大小成为样版设计制作时的重要依据。

2. 卷边性

针织物的卷边性是由于织物边缘线圈内应力的消失而造成的边缘织物包卷现象。卷边性是针织物的不足之处，它可以造成衣片的接缝处不平整或服装边缘的尺寸变化，最终影响到服装的整体造型效果和服装的规格尺寸。但并不是所有的针织物都具有卷边性，纬平针织物等个别组织结构的织物才有，对于这种织物，在样版设计时可以通过加放尺寸进行挽边、镶接罗纹或滚边及在服装边缘部位镶嵌黏合衬条的办法解决。有些针织物的卷边性在织物进行后整理的过程中已经消除，避免了样版设计时的麻烦。需要指出的是很多设计师在了解面料性能的基础上可以反弊为利，利用织物的卷边性，将其设计在样版的领口、袖口处，从而使服装得到特殊的外观风格，令人耳目一新，特别是在成型服装的编织中还可以利用其卷边性形成独特的花纹或分割线。

3. 散脱性

针织面料在风格和特性上与梭织面料不同，其服装的风格不但要强调发挥面料的优点更要克服其缺点。由于个别针织面料具有脱散性，样版设计与制作时要注意有些针织面料不要运用太多的夸张手法，尽可能不设计省道、切割线，拼接缝也不宜过多，以防止发生针织线圈的脱散而影响服装的服用性，应运用简洁柔和的线条与针织品的柔软适体风格协调一致。

4. 透气性

针织服装是以线圈为最小组成单元的，线圈的结构能保持较多的空气，因而透气性、吸湿性比较优良，使服装穿着时具有舒适感。

5. 尺寸稳定性

由于是线圈结构，伸缩性较大，弹性好，针织服装面料尺寸的稳定性差。

6. 防皱性

当针织面料受到折皱外力时，线圈可以转移，以适应受力时的变形；当折皱力消失后，被转移的纱线又可以迅速恢复，保持原态。

另外，化纤针织面料还具有易洗快干的优点。

二、针织服装的分类与设计特点

（一）针织T恤

1. 普通T恤衫

通常用平汗布、网眼布、棉毛布制作，面料多以线圈为主，在袖口或领口多采用罗纹设计。T恤衫具有强烈的民众化风格，超越了性别和年龄，以自由创造的现实价值得到市场的肯定。它的外部轮廓为基本的几何造型，除了常见的“H”廓型外，“A”“O”“T”“X”等廓型随着女装时尚的交替流行而变化丰富。T恤衫结构平直简洁、缝制方便，其特色主要体现在色彩和图案设计上，形式多样、风格各异的装饰字体、装饰图案等都可以附着在T恤上，彰显设计师的个性和风格。

2. POLO衫

起源于马球运动的着装——马球衫。最初，英国马球运动员的服装就是这种样式，它的英文名叫“Polo Shirt”。其设计重点是款式经典、用料考究、工艺精良、色彩含蓄、图案精致，尤其是高档的POLO衫，设计上更注重整体的造型风格，多在细节处做亮点。

（二）针织毛衣

针织毛衣是指用羊毛、马海毛、兔毛等各类毛纱线或毛型化学纤维编结的服装。毛衣的设计越来越倾向于时装化，品种极为丰富，款式、色彩、图案等随流行的变化而不断变化。其中，色彩和图案是毛衣设计的两大设计要素，对具体产品的色彩设计必须区分春夏、秋冬，男装、女装、儿童、中年、老年等，不能把中老年的年轻化理解为直接套用童装的色彩。色彩的面积、形状等在毛衣设计中非常关键，面积大小关系到产品的色调倾向，形状关系到产品风格等。

（三）针织内衣

针织内衣是指穿在外衣里面、紧贴肌肤的针织服装，是纺织服装市场最受消费者关注的服装种类之一，有“人体第二皮肤”之称。内衣的主要功能是保暖、吸汗、保护人的皮肤，避免弄污外衣等。随着人们生活水平的提高，现代的内衣还要求能调整人体体型，起到某些装饰和保健作用。针织内衣可分为普通内衣、装饰内衣和塑身内衣。

1. 普通内衣

普通内衣包含文胸、内裤、棉毛衫等，具有透气、吸汗、保持外衣清洁及形态自然的作用。材质多为纯棉，男装款式简单，女装较为花哨。棉毛衫、棉毛裤一般为双罗纹组织，厚实保暖，适用于秋冬季节穿着。

2. 装饰内衣

装饰内衣通常穿在贴身内衣的外面、外衣的里面，为了便于外衣穿脱，保持服装的基本造型，避免面料粗糙的外衣对人体的刺激，同时还可以减轻贵重面料的摩擦。

3. 塑身内衣

塑身内衣可以重修、重塑身体曲线。塑身内衣在呵护女性身体的同时，恰到好处地集中胸部，雕塑腰部，同时有提臀的作用，缔造女性自然的性感窈窕美态。

（四）针织配饰

1. 针织围巾

针织围巾是服装中搭配较多的饰品，从面料的花色、质地到款式，种类繁多。从装饰的部分来看，有的系扎在头部，有的系扎在颈部，有的系扎在腰间，还有的系扎在包上，不同的装饰部位体现不同的风格。从围巾的大小来看，大的可以披挂在肩部，甚至垂直到脚踝，小的可以系在颈部，适合不同服装的搭配需要，也可以选用单色、花色、细针织等。

2. 针织帽饰

针织帽饰款式变化丰富，老少皆宜，使用的场所较多。既有手工编结，也有针织布料拼缝。根据季节划分，冬季一般多选择各类毛线、花式线编结的帽饰，夏季多选择网眼或其他针织布料缝制。

3. 针织手套

针织手套的使用较多，一般按用途分为装饰用、保暖用和劳保用。按材料分为毛线手套、皮质手套和蕾丝手套。装饰用手套花色繁多，可厚可薄，尼龙、弹力丝、毛线均可使用；保暖用手套一般采用较厚实的针织布、毛线或皮质；劳保用手套多用各类结实的针织布料或白色原纱线，如最常见的白色劳保用手套。

4. 针织袜子

针织袜子是人们使用最繁多的配饰，是生活中的必需品，搭配时丰富多彩。一般按照材质分为弹力尼龙袜、毛巾袜、丝袜等；按照长短分为短袜、高筒袜、连裤袜等；按照正反面及针法分为单面平针织、双面凹凸针织、单色混色针织等花色变化。

三、针织服装设计品牌案例

（一）鄂尔多斯

鄂尔多斯品牌已有二十多年的历史，这在中国众多本土服装品牌中实属罕见，在所有纺织服装品牌中位居前三甲，在羊绒制品领域，堪称一个家喻户晓的品牌（图 2-1-1）。

图 2-1-1 鄂尔多斯品牌 LOGO

品牌受众人群定位为 35 ~ 45 岁，职业公务员、企业家、企业中高层管理人员。生活方式、态度相对同类人群而言已属成功，但仍不满足，他们执着于自己的人生价值，对事业和生活的进阶有着莫大的追求；他们工作敬业、勤奋，对提高自身修养非常重视；他们注重生活质量，具有健康和环保意识。

男装设计强调款式整体简约，在细节上体现与众不同，对服装的面料质地、制作工艺、体型修饰、穿着舒适方面要求高，希望能够穿出体面、沉稳，在内敛中体现个性。女装设计强调在成熟中并不张扬地显示高贵以及准确把握潮流，同时对服装的面料质地、制作工艺、体型修饰、穿着舒适方面的要求较高，通过服饰来展示自己的身份和品味（图 2-1-2 ~ 图 2-1-5）。

图 2-1-2 鄂尔多斯品牌服装陈列展示

图 2-1-3　鄂尔多斯男女装

图 2-1-4　鄂尔多斯男女装

图 2-1-5　鄂尔多斯女装

（二）恒源祥

恒源祥，1927年创立于中国上海，产品涵盖绒线、针织、服饰、家纺等大类，绒线，羊毛衫综合销量常年保持同行业第一，旗下有“恒源祥”“彩羊”“小囡”等品牌。1927年，沈莱舟成立了一家人造丝毛商店，取“恒罗百货、源发千祥”之意，取名为“恒源祥”。恒源祥服饰源自20世纪初上海滩的洋装文化，目前已形成夹克衫、西服、衬衫等多个品种系列，以自身卓越的品质和对细节的独到把握，受到越来越多的消费者的喜爱（图2-1-6）。

图2-1-6 恒源祥品牌LOGO

在北京2008奥运会开幕式上，恒源祥服饰精心打造的中国代表团礼仪装备吸引了世人的目光。红黄相间的经典款式和精湛一流的裁剪制作获得了奥委会和运动员们的一致好评。追求卓越、不断创新和创造第一，是恒源祥的品牌文化和奋斗目标（图2-1-7～图2-1-11）。

图2-1-7 恒源祥品牌服装陈列展示

图2-1-8 男装展示

图 2-1-9　女装设计一

图 2-1-10　女装设计二

图 2-1-11　女装设计三

图 2-1-12　背心设计一

四、针织服装流行趋势

（一）款式

针织背心是夏日单品，脱离了以往挺括的中等针距款式，转向慵懒时尚的廓型或是采用延长款进行改良，将 A 字型廓型打造出简约的罩衫式背心。箱形无袖廓型开始延伸到针织背心款式中，采用质朴的夹花纱、棉纱和合成纱打造随意的装饰感，图案多采用条纹（图 2-1-12 ~ 图 2-1-14）。

春夏针织 POLO 衫多呈现强烈的图形效果，采用细针距到中等针距的纱线，醒目的彩色条纹、对角斜纹、纹理线迹和动物提花彰显着青春活力。在设计细节上，有对比鲜明的饰边、全新比例剪裁的领子和门襟翻边。针织 T 恤采用高圆领设计和宽松廓型，搭配露肩和长袖，罗纹与稀松粗针运用在 V 领廓型单品中，落肩式缝合和超长袖子加强了大码造型（图 2-1-15 ~ 图 2-1-17）。

图 2-1-13　背心设计二

图 2-1-14　背心设计三

图 2-1-15　POLO 衫设计一

图 2-1-16　POLO 衫设计二

图 2-1-17　POLO 衫设计三

针织服装上衣采用露脐短款的款式，廓型上多以 H 型为主，或内衣外穿的造型，领型以一字领、抹胸式、小翻领、木耳领、圆领等为主，体现出休闲、前卫的服装风格（图 2-1-18 ~ 图 2-1-20）。

图 2-1-18　露脐设计一

图 2-1-19　露脐设计二

图 2-1-20　一字领设计

（二）色彩

针织服装色彩流行的趋势除了基础色调以外，白色、红色和黄色调成为新的流行趋势。红色为毛衫单品注入靓丽的色彩，红色的服装，用以表现喜庆、吉祥的寓意；酒红色与浆果色依旧是秋冬针织单品的主打色，饱和度较高的色彩给人厚重、浓烈的视觉效果，结合针织服装面料的特性，增强服装的立体感（图 2-1-21 ~ 图 2-1-26）。

图 2-1-21　红色设计一

图 2-1-22　红色设计二

图 2-1-23　红色设计三

图 2-1-24　酒红色设计一

图 2-1-25　酒红色设计二

图 2-1-26　酒红色设计三

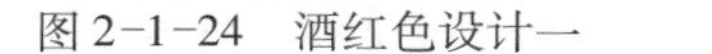

黄色系十分惹眼，为针织设计注入一丝暖意。通过黄色系的明度变化，色调不一，适用于个性毛衫和针织连衣裙款式，表现出时尚新潮的服装风格。白色作为针织服装的主打色，主要在秋冬针织装中采用较多，白色的纯净、透彻，与秋冬季节的气候相呼应，表现干练、简洁的着装风格（图 2-1-27 ~ 图 2-1-32）。

图 2-1-27　亮黄设计一

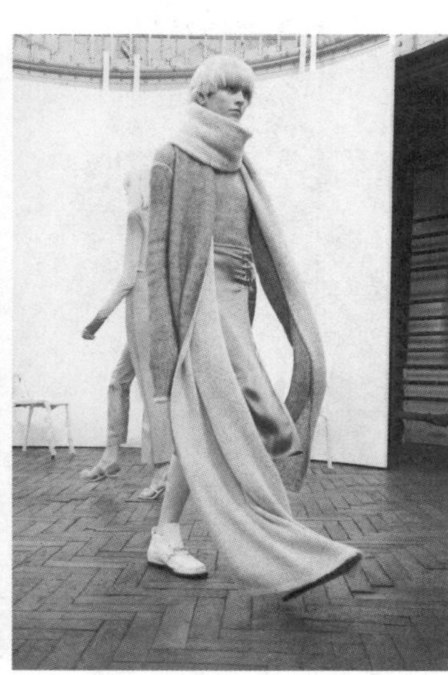

图 2-1-28　亮黄设计二

图 2-1-29　亮黄设计三

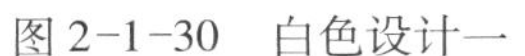

图 2-1-30　白色设计一　　图 2-1-31　白色设计二　　图 2-1-32　白色设计三

随着牛仔服装在时尚领域的持续发展，藏青色成为代替黑色的重要色彩。从雾霾蓝到浓郁的深蓝色，根据蓝色的明度变化，运用在针织服装中，表达出不同的色彩感觉（图 2-1-33 ~ 图 2-1-35）。

图 2-1-33　牛仔蓝设计一　　图 2-1-34　牛仔蓝设计二　　图 2-1-35　牛仔蓝设计三

（三）面料

双面廓型的设计给中高端市场的针织单品带来新意，采用极简主义造型和考究的廓型，管状的针织打造出双色缝合线和镶边细节。热黏合运动针织采用棉、人造丝和天丝，与羊毛、尼龙形成对比（图 2-1-36 ~ 图 2-1-38）。

图 2-1-36　面料设计一

图 2-1-37　面料设计二

图 2-1-38　面料设计三

任务实施

五、针织服装设计

（一）收集相关素材

首先了解任务的主要设计内容，查阅相关服装专业网站与资讯，了解最新的服装流行趋势，包括服装色彩趋势、面料趋势等。分析调研数据，整理归档与主要设计内容相关的重要素材，待设计之用（图 2-1-39 ~ 图 2-1-41）。

图 2-1-39　灵感来源

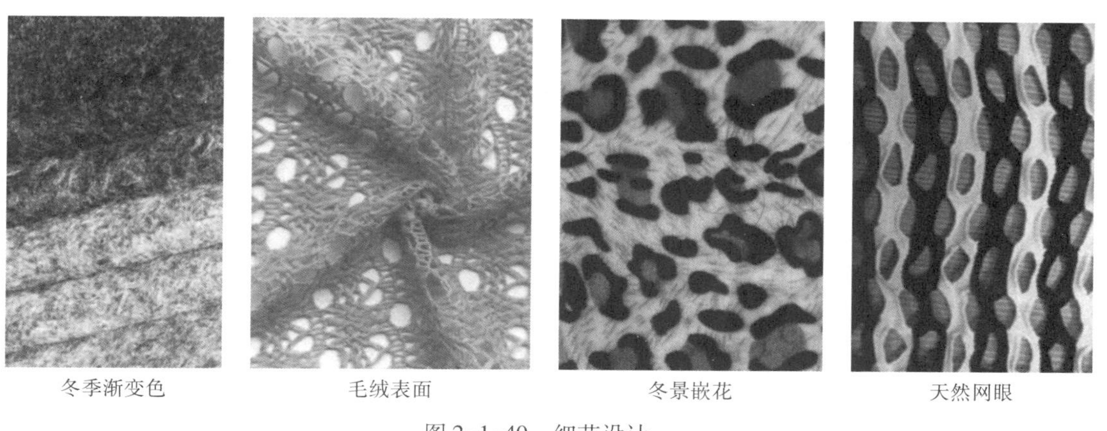

图 2-1-40　细节设计一

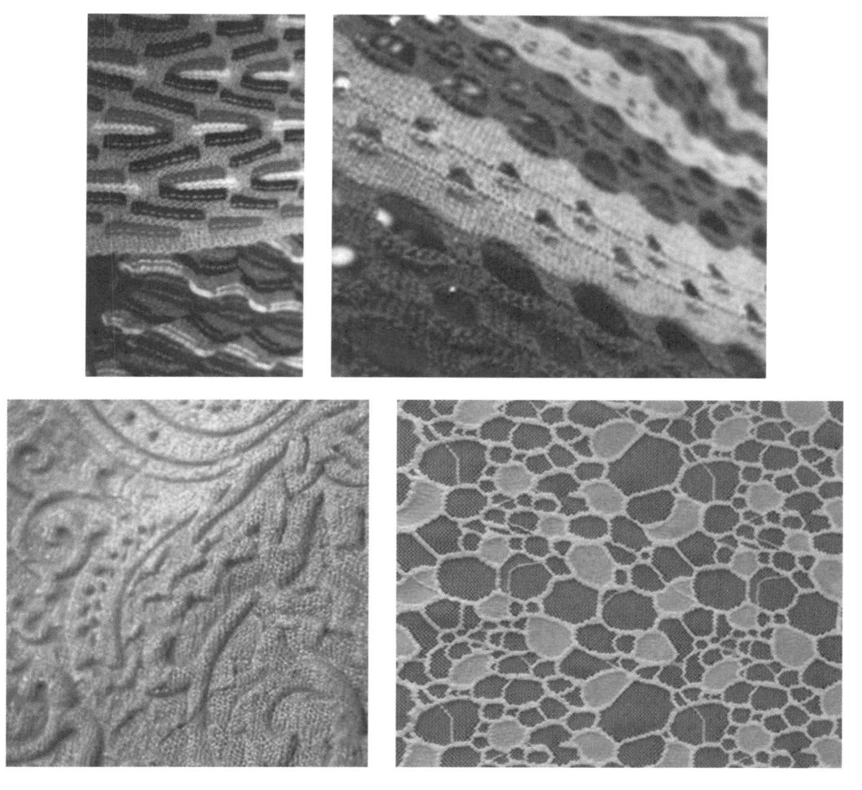

图 2-1-41　细节设计二

（二）分析款式设计要点，拟定设计主题

根据收集的相关流行趋势的资料，进行款式设计要点分析，特别是廓型设计、细节设计，注入新的设计要素，拟定设计主题（图 2-1-42、图 2-1-43）。

图 2-1-42 设计主题一:岩火之声的灵感来源

图 2-1-43 设计主题二:西域的灵感来源

(三) 针织服装款式设计

设计主题一:岩火之声

设计灵感来源于岩火,造型上运用宽松的斗篷,展现帅气的中性风;色彩上采用黑色和土黄色,面料上选用针织面料,蓬松的质感体现出现代人对于着装的宽松要求,体现针织服装舒适简洁剪裁的特征(图 2-1-44)。

设计主题二:西域

设计灵感来源于西域条纹风,触感强烈的针织衫和毛毯风格的梭织衣,运用了彩色条纹,增添新的立体感。款式上采用两件套的方式,下装采用露洞设计,体现出休闲的着装方式。同时,选用短袜进行搭配,与上装整体形成视觉层次感(图 2-1-45)。

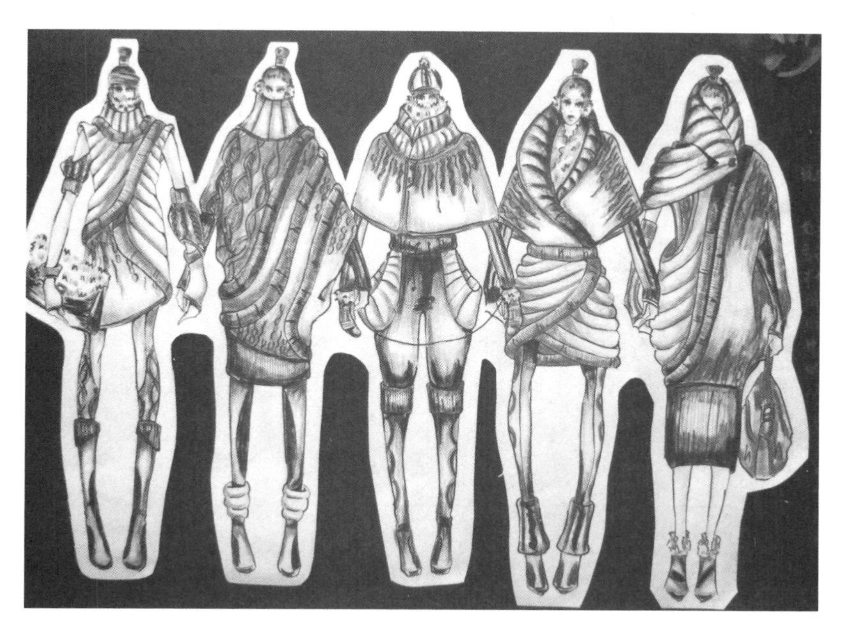

图 2-1-44　“岩火之声”系列服装效果图设计

图 2-1-45　“西域”系列服装效果图设计

任务拓展

通过市场调研，结合当下服装流行趋势，完成 6～8 款针织服装的款式设计，男女装不限，风格不限，表现形式不限。

任务二　休闲服装设计

任务描述

休闲服装已经成为现代人生活的主要着装，给人以轻快活泼、随意自由的感觉，将自然简洁的风格展现在人们的面前，穿着舒适，回归自然。休闲装的设计至关重要，也是服装设计师必备的专业技能。本任务是了解当下休闲装市场动态及流行趋势，运用休闲装设计特点，进行创新设计（表 2-2-1）。

表 2-2-1　设计任务要求

设计任务	休闲服装设计与表达 自拟主题，运用休闲服装的设计要点，完成 OCHE 品牌休闲服装设计
产品风格	OCHO 品牌致力于体现休闲服装的随意与宽松，主打产品为各种休闲衬衫、外套及下装，注重版型的舒适和色彩的表现
设计要求	1. 运用休闲服装款式设计要点进行设计 2. 款式设计符合当下流行趋势，具有一定的市场性
设计内容	1. 设计主题的设定 2. 服装效果图 3. 服装款式图 4. 标注设计说明
设计条件	1. 班级分为四个项目小组，每组设组长一名 2. 绘图笔、纸、颜料等
设计表达	1. 款式设计、廓型要符合当下的流行时尚 2. 结构设计要符合工艺要求 3. A4 图纸手绘或打印提交整体设计方案
完成时间	12 学时

相关知识

随着现代社会生活快节奏的发展，休闲服装迅速崛起并备受消费者青睐，人们向往拥抱自然、回归自然的生活方式。休闲并非是另一种生活方式，而是人们对久违的纯朴自然之风的向往。

一、休闲服装的基本概念和特征

（一）基本概念

休闲，英文为“casual”，休闲服装又称为便装，是非正式场合所穿着的服装，人们在无拘无束、自由自在的休闲生活中穿着。在现代生活中服装的舒适性越来越受到广泛重视。

（二）休闲服装的特征

1. 舒适与随意性

打破传统设计概念的束缚，穿着舒适、不刻板，突出服装整体设计的人性化，注重服装的舒适与随意性。如结构上减少省道设计，形成宽松的版型、领型的变化、面料拼接、明暗线的变化等，满足现代消费者的要求（图 2-2-1 、图2-2-2）。

图 2-2-1　休闲装设计一

图 2-2-2　休闲装设计二

2. 功能与实用性

休闲服装注重功能与实用性，达到一衣多用的效果。如可伸缩袖长的设计、多层拉链设计、防浸水的口袋设计、可收放的帽子设计等，尤其是多口袋设计或多功能暗袋设计可以容纳重要物品（图 2-2-3、图 2-2-4）。

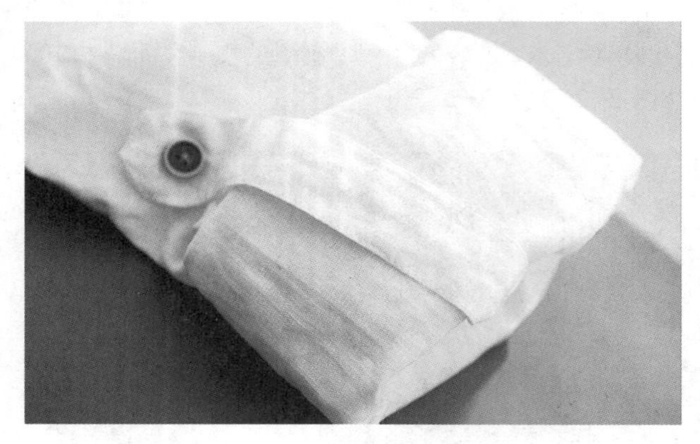

图 2-2-3　可伸缩袖型设计

图 2-2-4　多层拉链设计

3. 时尚与多元性

休闲服装无论是在款式造型、色彩设计，还是面料结构、制作工艺方面都从单一向时尚与多元化发展。特别是在面料的选择上，棉质面料是休闲装的首要选择，但是随着现代技术的发展，越来越多的休闲服装采用涤棉或混纺面料。面料的多元化使休闲服装款式的变化更加丰富（图 2-2-5）。

图 2-2-5　面料的多元化设计

二、休闲服装的分类与设计特点

休闲服装的应用范围很广，从休闲衬衫到休闲西服，从文化衫到家居服。随着现代社会休闲活动越来越多，休闲服装无论在款式变化，还是在面料种类与风格上，都趋向于变化。休闲服装的口袋多采用简单的插袋，门襟上采用拉链、钉扣或暗扣等。休闲服装按风格特征，可以分为运动休闲装、乡村休闲装、前卫休闲装、民俗休闲装、浪漫休闲装和商务休闲装等；按穿着的场合，也可分为聚会休闲装、家居休闲装等。

（一）运动休闲装

运动休闲装具有明显的功能作用，以便在休闲运动中能够舒展自如，它以良好的弹性、功能性和运动感赢得了大众的青睐，如棉质运动套装、棉质 T 恤等。运动休闲装的款式设计往往参照运动方式，穿着舒适、色彩鲜明、性能良好、造型动感，深受大众的喜爱（图 2-2-6 ~ 图 2-2-8）。

图 2-2-6　运动休闲设计一

图 2-2-7　运动休闲设计二

图 2-2-8　运动休闲设计三

（二）乡村休闲装

乡村休闲装讲究自然、自由的风格，服装造型随意、舒适。采用风格粗犷而自然的材料，如麻、皮革等制作服装，是现代人追求返璞归真、崇尚自然的真情流露。其设计特点是材质粗犷质朴，款式随意，面料舒适，特别是在男装设计上体现得更为明显（图 2-2-9 ~ 图 2-2-11）。

（三）前卫休闲装

前卫休闲装运用新型的材质，风格偏向未来型，用闪光面料制作的太空衫，或是用银灰色挺括面料制作的风衣，充满对未来穿着的想象。前卫休闲装的设计特点是运用新型面料或创新面料，款式前卫，色彩图案鲜明，满足前卫人士对于着装独一无二、展现自我心态的需求。粗犷的剪贴搭配散口和毛边细节，展现个性，拼贴风格的补丁上有天真烂漫的刺绣装饰，具有手绘和拼贴美感的艺术提花设计，呈现出更为细腻的感染力（图 2-2-12、图 2-2-13）。

图 2-2-9　乡村休闲装设计一　图 2-2-10　乡村休闲装设计二　图 2-2-11　乡村休闲装设计三

图 2-2-12　前卫休闲装设计一

图 2-2-13　前卫休闲装设计二

（四）民俗休闲装

民俗休闲装巧妙地运用民俗图案和蜡染、扎染等工艺，有浓郁的民俗风味。在牛仔面料上打造模糊或泼溅的视觉效果，图案具有不规则、不完美的特点，呈现出民俗效果（图2-2-14、图2-2-15）。

图2-2-14　扎染休闲装设计一

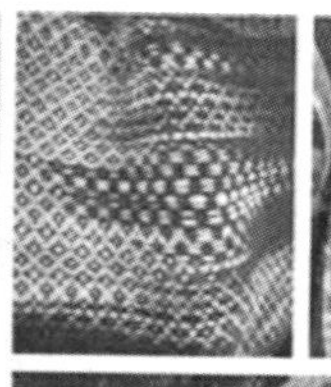
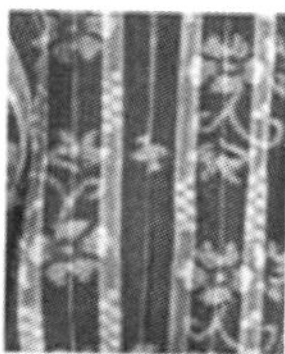

图2-2-15　扎染休闲装设计二

（五）浪漫休闲装

浪漫休闲装以柔和圆顺的线条、变化丰富的浅淡色调、无拘无束的宽松形象，营造出一种浪漫的氛围和休闲的格调。市场上销售的淑女装、少女装均属于浪漫休闲装。其款式设计的特点是以曲线设计较多，色彩上大多采用浅色调，图案可爱，大量运用蕾丝花边、蝴蝶结、大波浪褶、刺绣工艺等装饰元素，营造出浪漫的氛围。运用花卉刺绣技术和繁复的激光切割设计，圆齿边和蕾丝镶嵌，为整体增添浪漫气息（图2-2-16、图2-2-17）。

图2-2-16　浪漫休闲装设计一

图 2-2-17　浪漫休闲装设计二

（六）商务休闲装

商务休闲装摆脱平日压抑与呆板的职业装，可以用于商业会谈与工作，一般为条纹 POLO 衫、休闲款西裤、休闲皮鞋。其设计特点是在正装的基础上进行结构、细节、色彩、面料和装饰手法上的调整，在商务装中融入休闲的设计元素，达到严谨而不刻板、正统而不守旧的设计效果，打破沉闷的工作氛围，增强工作中的亲和力（图 2-2-18、图 2-2-19）。

图 2-2-18　商务休闲男装设计

图 2-2-19　商务休闲女装设计

三、休闲服装设计项目实例分析

（一）以纯（YISHION）

以纯致力于通过提供优质、时尚、平价的服饰，引领顾客的穿衣文化和生活方式，使以纯成为顾客首选的服饰品牌，倡导“share in”（分享）的新理念，将最前沿的时尚资讯、潮流趋势，通过以纯的时尚服饰、社会化媒体、专卖店等渠道，分享给消费者。提供最新的时尚与潮流款式，以不同系列满足客户的个人风格，顾客可以根据自己的个性混搭服饰（图 2-2-20）。旗下有休闲 CASUAL 系列、Y∶2系列、Teebox 系列、都市商务 URBAN 系列、童装 KIDS 系列。

图 2-2-20　以纯品牌服装 LOGO

休闲 CASUAL 系列是以纯集团下的主力系列，定位于 15 ~ 35 岁喜爱穿着舒适、随意、自由休闲服的大众消费者，向人们传达青春活力、时尚自信的穿衣理念和生活态度。

Y∶2系列是以纯集团下最年轻的休闲品牌，沿袭以纯优秀的设计、生产、营销、服务一体化的优势和传统，面向青春活力、富有朝气的年轻一族特别推出适合日常穿着的服饰，充满与众不同、年轻动感的时尚气息。

Teebox 系列是以纯集团下的街头潮流品牌，以街头文化为基础概念及原创风格，并以 WHYNOT 为思想概念，设计出一些潮流、玩味、创作性及独特风格的设计。

都市商务 URBAN 系列是以纯集团下的商务系列，强调时尚简约、年轻商务，无论是在职业宴席场合，还是在商旅途中都能为年轻人士提供完美的时尚造型。

童装 KIDS 系列致力于打造中国的潮流儿童时装，主要向 0 ~ 15 岁的孩子们提供健康舒适、色彩丰富的活力搭配（图 2-2-21）。

图 2-2-21　以纯服装设计

（二）劲霸男装

劲霸男装创立于 1980 年（图 2-2-22），品牌总部位于上海。作为中国高级夹克和商务休闲男装的领导品牌，劲霸男装以“受尊敬的国际化男装领跑企业”为愿景，坚守“为创富族群提供夹克领先的商务休闲男装，成为他们的着装管家”的使命，专注夹克三十多年，不断引领夹克及配套服饰的研发设计。劲霸男装的核心消费者是以创业家为主体的创富族群，核心年龄为 30 ~ 45 岁，为其提供“商闲两相宜”的高品质服装，让他们

图 2-2-22　劲霸品牌服装 LOGO

的着装更加讲究与得体(图 2-2-23 ~ 图 2-2-28)。

图 2-2-23　夹克设计一

图 2-2-24　夹克设计二

图 2-2-25　夹克设计三

图 2-2-26　夹克设计四

图 2-2-27　针织衫设计一

图 2-2-28　针织衫设计二

四、休闲服装流行趋势

(一) 廓型

休闲装以宽松的款式为主流,多中性风格,以简单的线条、宽松叠搭的轮廓为特色,多采用宽大的箱型轮廓、超大贴袋和束腰带(图 2-2-29)。

主要有 H 型、T 型。H 型休闲服装衣身为直线型,造型挺括;T 型则在肩部增加垫肩设计,腰部微收,表现出男性的帅气、干练。

(二) 面料

休闲服装的面料主要采用棉、针织、莱卡等材质,要求穿着舒适,便于活动,同时还要能够耐脏、耐磨等。由于现代人的生活节奏较快,压力较大,对于棉质面料的需求较多,体现出现代消费者对于休闲装的青睐(图 2-2-30)。

图 2-2-29　休闲装廓型设计

图 2-2-30　休闲装面料设计一

现代休闲服装的面料除了棉质以外，还采用摇粒绒、磨损面料等，表现出更加休闲、惬意的生活状态。摇粒绒面料的采用，更好地表现出服装的立体感；磨损面料则更好地表现出现代人对于怀旧、返璞归真生活的寻求（图 2-2-31、图 2-2-32）。

皮革是现代风休闲装所采用的面料，硬朗奢华的廓型多用于休闲装和运动装中，通过面料的填充和绗缝工艺，呈现出服装厚实、防护性的外观样貌（图 2-2-33、图 2-2-34）。

图 2-2-31　休闲装面料设计二

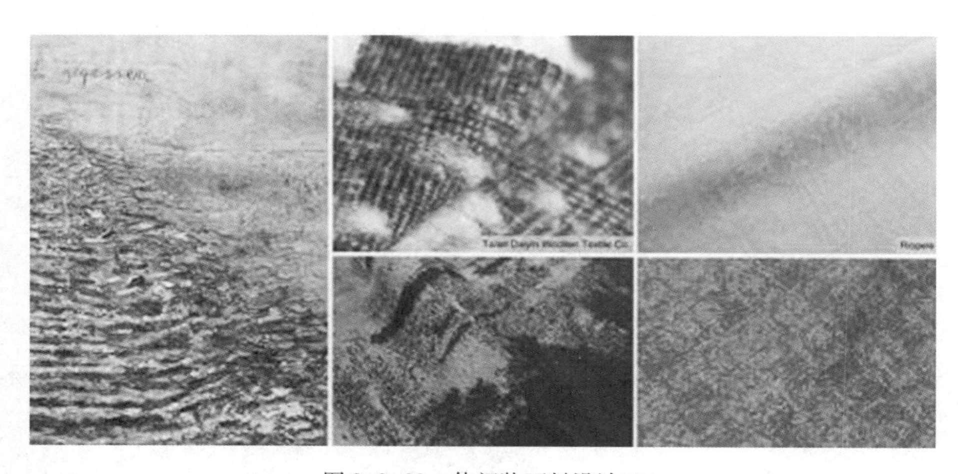

图 2-2-32　休闲装面料设计三

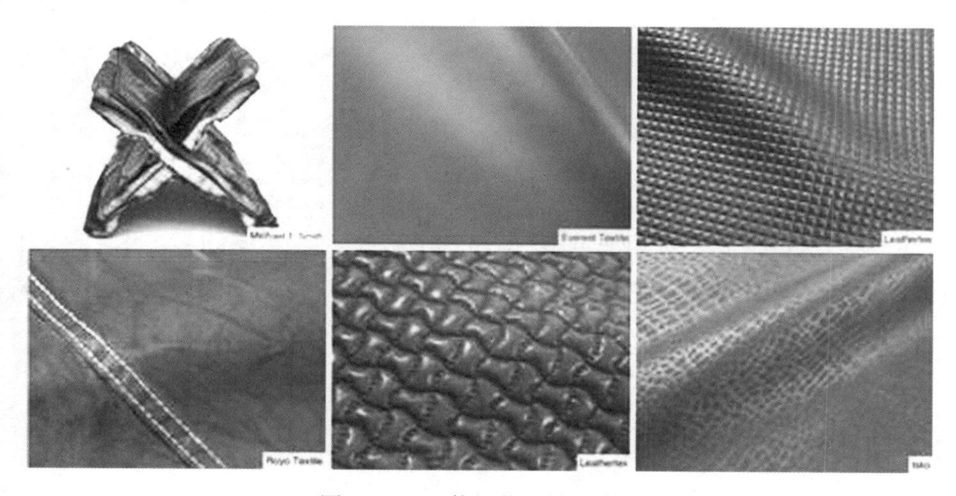

图 2-2-33　休闲装面料设计四

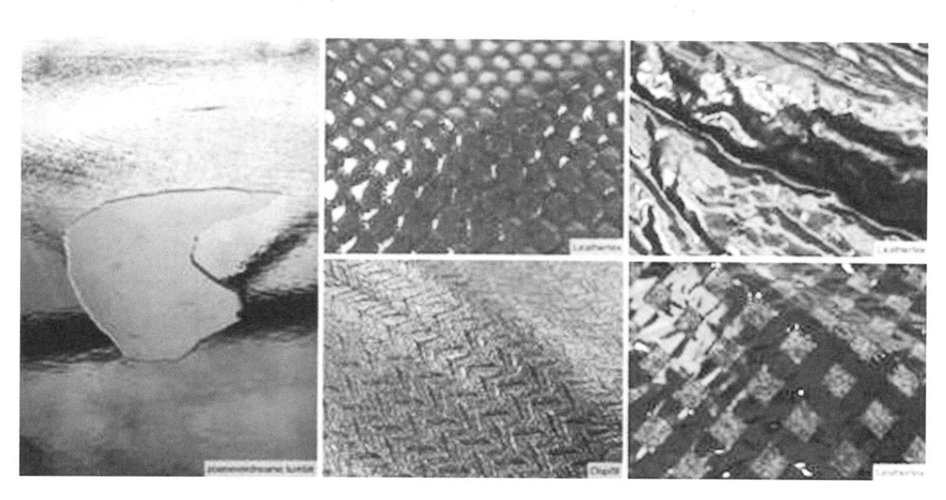

图 2-2-34　休闲装面料设计五

（三）色彩

休闲装的色彩搭配一般以温和、纯净的色彩为主，如白色、蓝色和灰色搭配，展现纯净平和之美，搭配杏黄色、石蓝色等暖色调，带来一丝清新感（图 2-2-35）。

图 2-2-35　休闲装色彩设计

（四）细节设计

链条、珍珠和圆形的铆钉多搭配在休闲装中。如链条环绕在领口，或者连缀在一起组成文字或图案，形成错视的项链效果；也可以连接拉链，或者作为领口的细节设计，装饰在休闲服装上，表现出精致的装饰效果（图 2-2-36）。

图 2-2-36　休闲装细节设计

任务实施

五、休闲服装设计

（一）收集相关素材

首先了解任务的主要设计内容，查阅相关服装专业网站与资讯，了解最新的服装流行趋势，包括服装色彩趋势、面料趋势等，分析调研数据，整理归档与主要设计内容相关的重要素材，待设计之用（图 2-2-37、图 2-2-38）。

图 2-2-37　灵感来源一

图 2-2-38　灵感来源二

（二）分析款式设计要点，拟定设计主题

根据收集到的的相关流行趋势的资料，进行休闲服装款式设计要点分析，特别是廓型设计、细节设计等，并注入新的设计要素，拟定设计主题（图 2-2-39、图 2-2-40）。

图 2-2-39　设计主题：隐默的灵感来源

图 2-2-40　设计主题:怀旧之声的灵感来源

(三) 休闲服装款式设计

设计主题一:隐默

服装系列灵感来源于人们向往的"世外桃源",款式上采用了流行的运动休闲款,增加镂空透纱,再以花布衬托,体现稳重可靠;色彩的选择上,主色调以黑色和蓝色为主,点缀色运用黄色提亮,表现稳重的同时又不失活力(图 2-2-41)。

图 2-2-41　"隐默"系列服装效果图设计

设计主题二:怀旧之声

“怀旧之声”系列灵感来源于毛线材质的镂空质感。运用针织手法,采用套装设计,形成穿插的效果,使得服装层次感更加强烈;色彩上采用土黄、熟褐等颜色,体现出怀旧的质感,加上针织毛线粗犷的材质,表现出随性、原始、不修边幅的效果(图 2-2-42)。

图 2-2-42　“怀旧之声”系列服装效果图设计

任务拓展

通过市场调研,结合当下服装流行趋势,完成 6 ~ 8 款休闲服装的款式设计。男女装不限,风格不限,表现形式不限。

任务三　职业服装设计

任务描述

职业服装在人们的生活中占据的地位正逐步增强,随着社会经济的发展和衣着水平的不断提高,职业服装已摆脱传统的实用性,逐渐将实用与审美相结合。职业服装的受众市场极其庞大,适用范围非常广泛,不同的工作场合对职业服装有不同的规定(表 2-3-1)。

表 2-3-1　设计任务要求

<table>
<tr><td rowspan="2">设计任务</td><td>职业服装设计与表达</td></tr>
<tr><td>自拟主题,运用针织服装的设计要点,完成贝托托尼品牌职业服装设计</td></tr>
</table>

（续表）

产品风格	贝托托尼品牌致力于职业服装的款式设计与开发，主打产品为各种毛衫及外套，注重针对东方体型的版型开发，裁剪舒适简洁
设计要求	1. 运用职业服装款式设计要点进行设计 2. 款式设计符合当下流行趋势，具有一定的市场性
设计内容	1. 设计主题的设定 2. 服装效果图 3. 服装款式图 4. 标注设计说明
设计条件	1. 班级分为四个项目小组，每组设组长一名 2. 绘图笔、纸、颜料等
设计表达	1. 款式设计、廓型要符合当下的流行时尚 2. 结构设计要符合工艺要求 3. A4 图纸手绘或打印提交整体设计方案
完成时间	12 学时

相关知识

职业服装是适用于职业需要的标识着装者职业、职能的工作服装，它具有劳动防护、标识职业、规范企业形象和强化行业职能的功能（图 2-3-1、图 2-3-2）。

图 2-3-1　宇航员服装

图 2-3-2　登山服装

一、职业服装的基本概念和特征

（一）基本概念

职业服装是指用于工作场合的团体化制式服装，具有鲜明的系统性、科学性、功能性、象征性、识别性、美学性等特点。

（二）职业服装的特征

职业服在满足职业功能的前提下具有防护性、标识性、美观性、配套性。

1. 防护性

给予穿着者便利，满足保护人体的作用。人们在生产劳动中因所处的环境各有不同，需要保护的部位和方式也不同。对于在宇宙、极地、高山、水下等特殊环境作业或从事灭火、核实验等特殊职业的人员，职业服必须对从业人员身体各部位提供充分的保护，使其免受作业环境的伤害，达到安全作业的要求。以功能为主、装饰为辅，这是防护类职业服装设计中不可更改的设计宗旨。

2. 标识性

能明显地表示穿用者的职业、职务和工种，使行业内部人员能迅速准确地互相辨识，以便于进行联系、监督和协作；对行业外部人员，能传达一种提供服务的信号。有的职业服，如海关服、税务服、工商管理服等，则代表国家某一职能部门，表示穿用者在其行业范围内有行使职责的权力。标识性以服装的颜色、款式，以及帽徽、臂章等服饰配件来表示。

3. 美观性

体现与职业性质协调一致的美学标准，使从业者产生职业的自豪感，便于服务对象对从业者产生信任感。职业服通过美观性达到预期的美学效应，如邮电服以其绿色给予人希望和乐观的美学效应，铁路服以其蓝色给予人安全和稳定的美学效应。

4. 搭配性

上衣、裤（裙）与帽（盔）、鞋袜、手套等要配套穿用，帽徽、领章、袖章、腰带等也要配套使用。职业服达到完整、协调、统一的效果，从而发挥更好的作用。

二、职业服装的分类与设计特点

职业服装可分为工作服和制服两大类。

（一）工作服

主要作用于劳动工作中的防护，应用很广泛，包括一般工人、地质勘探人员、医生、护士、海上作业人员、科技实验人员、消防人员以及军队中的机械师、装甲兵等。根据作业要求的不同，工作服的设计也不相同。例如，工矿企业的劳动人员在工作时所穿用的服装要求耐脏、耐磨、耐湿、隔热、防意外伤害等，能为安全生产和人体健康提供一定的帮助；医生、护士所穿着的服装要求防菌、防尘、防静电；消防、电焊、化工的企业人员穿着的服装则要具有阻燃、防腐等保护作用（图 2-3-3、图 2-3-4）。

图 2-3-3　电焊工服装

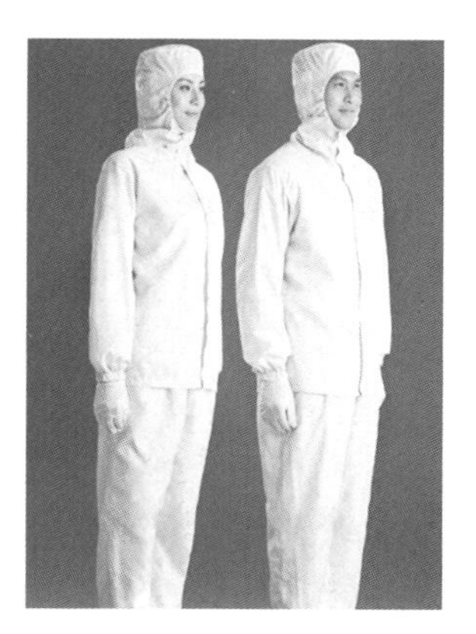

图 2-3-4　化工服装

（二）制服

制服一般兼有礼服和工作服的双重作用，制服的形式有的是国家设定的，有的是行业设定的，也有是单位设定的。制服的形式除了保护性，还有许多社会内容，这正是职业服装的性质和特点。例如，宾馆在升星级时往往会重新进行企业形象的策划，强调企业文化形象的同时更加注重功能的体现，在传菜员服装上进行口袋的设计，以方便记录；军队、警察等由国家直接管辖的，从制服的面料、色彩、款式、工艺到配饰的设计上，都有着严格的要求，以区分于其他社会成员（图 2-3-5、图 2-3-6）。

图 2-3-5　警察制服一

图 2-3-6　警察制服二

三、职业服装设计品牌案例

YOUNGOR

雅 戈 尔

图 2-3-7　雅戈尔品牌服装 LOGO

（一）雅戈尔

雅戈尔集团创建于 1979 年，经过三十多年的发展，逐步确立了以品牌服装为主业（图 2-3-7）。

公司针对国际商务、行政公务、商务休闲三大消费群体进行开发，形成了成熟自信、稳重内敛、崇尚品质生活的品牌特色，拥有衬衫、西服、西裤、夹克、领带和 T 恤六个中国名牌产品，其主打产品衬衫为全国衬衫行业第一个国家出口免验产品。

雅戈尔最早从事的成衣制造是衬衫。1995 年，雅戈尔从日本引进 HP 衬衫免烫工艺，此后，国内几十家衬衫厂相继引进 HP 工艺，并使中国 HP 棉免烫衬衫的市场普及率超过日本。1999 年，“VP 衬衫”在雅戈尔横空出世，它是通过运用无树脂最纯形式交联技术的理论，用微电脑精确控制的蒸汽喷雾进行“打扮”，快速加热和有效控温使化学助剂分布到衬衫上，达到抗皱免熨效果。衬衫又有了防皱、防缩、柔软、吸湿易干、易去污、色牢度强、透气性好、定型持久等性能。2000 年 6 月，“VP 衬衫”被评为“国家重点新产品”；2004 年，“纳米 VP 衬衫”问世；2005 后又有了衬衫技术升级换代产品——“DP 衬衫”。这是雅戈尔采用自行开发的高档高支纯棉面料，通过压烫免熨技术后，具备了高支纯棉在多次水洗后仍能保持优异的抗皱免熨效果，透气性、吸湿性更好，布面更光泽。满足了年轻、活力、时尚的社会精英人士对简约生活的追求，将他们的衣着打理成无可挑剔的整洁与时尚，凸显了时代感、精英感与成就感。2005 年 6 月，“纳米 VP 衬衫”被评为“国家重点新产品”，并于 2006 年 8 月申请到了中华人民共和国国家知识产权局的发明专利证书（图 2-3-8 ~ 图 2-3-11）。

图 2-3-8　衬衫设计一

图 2-3-9　衬衫设计二

图 2-3-10　衬衫设计三

图 2-3-11　衬衫设计四

雅戈尔西服有纯羊毛抗皱西服、婚庆西服、垂摆西服、高品质西服。雅戈尔纯羊毛抗皱西服，面料采用世界上最精细、最优质的澳大利亚顶级美丽诺羊毛，这种优质的羊毛纤维本身就具有较强的天然弹性和抗皱防污性能，再加上先进的面料物理抗皱工艺处理使得西服具有抗皱防污、轻薄舒适等特性；婚庆西服版型注重掐腰、肩部的设计，面料成份以毛丝居多，还有毛涤丝或全毛。以深藏青底色为主，个别深灰底色。款式是两粒扣、摆衩，宽驳头平袋盖或窄驳头斜袋盖，小圆角挂面，红色装饰线及红色嵌线。适合准新郎或伴郎以及参加喜庆宴会的男士；垂摆西服，在摆衩部位采用新颖的专利技术，消除了双开衩西服后摆易错位的困扰，在各种商务、休闲场合可以时刻散发飘逸而稳重的成熟魅力；高品质西服选用意大利高档进口面料，具有优良的透气性、抗皱回复性和环保抗菌性，手感柔软舒适，钮扣采用果实扣，天然、高贵。款式经典大方，面料条纹清晰，时尚感强，多以藏青色系为主，充分彰显名流绅士的独有气质。

从 20 世纪 90 年代起，雅戈尔便在西服领域开疆破土，短短几年就把黏合衬西服做成了中国的佼佼者，之后又不断进军高端领域，先后开发了半毛衬西服和全毛衬西服，使雅戈尔西服工艺登上完美之巅（图 2-3-12 ~ 图 2-3-15）。

图 2-3-12　西服设计一

图 2-3-13　西服设计二

图 2-3-14　西服设计三

图 2-3-15　西服设计四

（二）安缇娜（Antenna）

Antenna 品牌源自意大利时尚之都米兰，由香港力精集团创始人 RICKY 引入香港，1968 年在香港九龙区开设了第一家专卖店，迄今为止 Antenna 在东南亚经营了四十余年。Antenna 的中文意思是天线、触角，泛指品牌对时尚和潮流的敏锐感。品牌定位为 25 ~ 40 岁的现代女性，热爱时装，个性活泼，有独立追求，富有内涵、知性、独立，具有敏锐的时尚嗅觉。旗下有时尚系列、优雅系列、经典系列、商务系列（图 2-3-16 ~ 图 2-3-24）。

（1）时尚系列。摄入潮流精髓，整个系列散发着一股令人渴求追索的魅力，从设计概念、剪裁、布料以至细节装饰，浪漫时尚尽情发挥在每个细节上，让人感觉仿佛进入了唯美世界，置身于奢华典雅的生活中。

（2）优雅系列。高品位的时尚精致套装多种风格并存，优雅与时尚相互碰撞，多种款式，既优雅浪漫，又有鲜活的味道，色彩华丽，真丝、羊毛与棉麻的舒适与设计的完美结合。

（3）经典系列。用料优良、剪裁合身，这些不受潮流所限，带点传统色彩的服饰是经得起时间考验的时尚经典。

图 2-3-16　安缇娜设计一

图 2-3-17　安缇娜设计二

图 2-3-18　安缇娜设计三

图 2-3-19　安缇娜设计四

图 2-3-20　安缇娜设计五

图 2-3-21　安缇娜设计六

图 2-3-22　安缇娜设计七

图 2-3-23　安缇娜设计八

图 2-3-24　安缇娜设计九

(4) 商务系列。以时尚的视角，延续优雅与品位，摒弃传统商务职业女性着装的单一沉闷之风，换以简洁干练而具有时尚风格的搭配方法，助力职业女性塑造完美形象。

四、职业服装流行趋势

(一) 款式

职业服装因其特点，更加注重服装使用的功能性、安全性和实用性，服装款式的设计，廓型上以简洁为主，局部设计较为新颖，如在领口、袖口、腰部等进行细节设计，从而体现出既有廓型又有细节亮点的特征(图 2-3-25 ~ 图 2-3-30)。

图 2-3-25　职业装设计一

图 2-3-26　职业装设计二

图 2-3-27　职业装设计三

图 2-3-28　职业装设计四

图 2-3-29　职业装设计五

图 2-3-30　职业装设计六

（二）色彩

职业服装的色彩搭配多以明度较低的色彩为主。如在西装中大量使用的黑色，表现严谨、正式的着装风格，黑白灰无彩色的搭配使用在职业装中较为常用，通过黑白灰明度变化，表现出职业服装优雅、稳重的特点。

（三）面料

职业服装的面料要求挺括有型。一般采用混纺、毛纺、化纤等面料，辅料上采用黏合衬，在领部、袖口等部位使用，表现出坚挺的细节效果。现代白领，对于职业服装有着较高的要求，不再局限于混纺等面料，更多的是雪纺、针织等混搭面料相结合，既打破传统职业装面料的局限性又不会太过花哨。

任务实施

五、职业服装设计

（一）收集相关素材

首先了解任务的主要设计内容，查阅相关服装专业网站与资讯，了解最新的服装流行趋势，包括服装色彩趋势、面料趋势等，并分析调研数据，整理归档与主要设计内容相关的重要素材，待设计之用。

（二）分析款式设计要点，拟定设计主题

根据收集到的相关流行趋势的资料，进行款式设计要点分析，特别是廓型设计、细节设计等，并注入新的设计要素，拟定设计主题。

（三）职业服装款式设计

“花之恋”系列职业装设计灵感来源于花卉的造型，在款式的设计上，臀部和肩部采用花苞的造型；结构线采用对称式设计，达到视觉平衡，体现出严谨、端庄的职业特点。在肩部、臀部和腰部，运用对称式分割线设计，表现出严谨的着装风格，如图 2-3-31 所示。

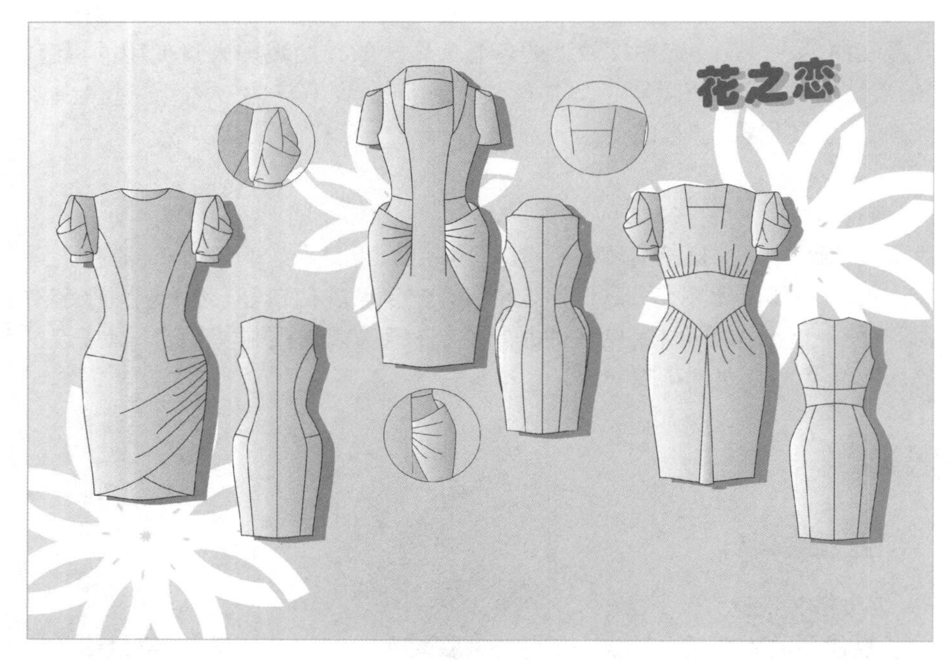

图 2-3-31 “花之恋”系列职业装款式设计

任务拓展

通过市场调研，结合当下服装流行趋势，完成 6 ~ 8 款职业服装的款式设计，男女装不限，风格不限，表现形式不限。

任务四 内衣服装设计

任务描述

内衣作为贴身穿着的衣服，除了防护御体的功能外，审美功能越发显得重要。即关爱自身、追求“内在美”，越来越多的人开始关注内衣设计（表 2-4-1）。

表 2-4-1 设计任务要求

设计任务	内衣服装设计与表达
	自拟主题，运用内衣服装的设计要点，完成 OLNL 品牌内衣服装设计
产品风格	OLNL 品牌内衣致力于款式设计与开发，主打产品为各种文胸、内衣套装等，注重针对东方女性生理结构的研究，裁剪舒适简洁

（续表）

设计要求	1. 运用内衣服装款式设计要点进行设计 2. 款式设计符合当下流行趋势，具有一定的市场性
设计内容	1. 设计主题的设定 2. 服装效果图 3. 服装款式图 4. 标注设计说明
设计条件	1. 班级分为四个项目小组，每组设组长一名 2. 绘图笔、纸、颜料等
设计表达	1. 款式设计、廓型要符合当下的流行时尚 2. 结构设计要符合工艺要求 3. A4 图纸手绘或打印提交整体设计方案
完成时间	12 学时

相关知识

内衣是与皮肤紧贴的服装，它具有吸汗、矫型、保暖等功能。

一、内衣服装的基本概念和特征

（一）基本概念

内衣包括背心、汗衫、短裤、抹胸、胸罩等，通常是直接接触皮肤的，是现代人不可缺少的服饰之一。

早在中国上古时期，就已织成麻布，但那时内衣却与外衣无太大区别，只是原始的遮体、保暖之用。4000 年前，随着丝织技术的传播，内衣日渐区别于外衣的功能，称之为抹胸、裹肚等。从《簪花仕女图》中的薄纱低胸绣花衫，我们看到了唐代女子的“亵衣”；而《西厢记》中的宋代女子，则抹胸在内裹肚，一根幼带围颈，一块菱中遮胸，掩起千般风情、万种妩媚。但直至清朝末期随着洋纱、洋布进入中国，西方的胸衣才真正演绎在中国女子的身型之上。

西方胸衣最早产生于古罗马时期。在 16 世纪，还有铁、木头制的紧身胸衣，当时的女子可谓“体无完肤”。直到十字军东征，随着纺织技术的运用发展，16 世纪末期，开始使用鲸髦、钢丝、藤条等来制作紧身衣。在 16 世纪 30 年代，使用吊袜带、紧身衣与裙撑，对其功能的理解也不仅为遮体保暖，而更多的用意是塑造身体曲线；20 世纪 40 年代，无带胸罩开始流行；五六十年代，高跟鞋、细腰条、平腹及圆胯都是当时女性美的标志，紧身内衣及造型文胸出现，后者为如今隆胸乳罩的前身；70 年代，简单舒服、实用成了当时女性内衣的基本准则；80 年代，是女性从自我解放到自我认可的过渡时期。人们追求自我的肯定、自我的价值，社会变得更加个性化。女性美被人们真正接受，引发了内衣消费的大增长，内衣的设计更加大胆、暴露,令女性更加美丽;90年代,随着内衣面料的不断更新,人们越来越追求新技术产品,单纯的棉制品已不能满足人们的需求。微纤维这一举世公认的被称为“第二皮肤”的面料,在女性内衣的历史上再创辉煌,1997年,杜邦公司推出革命性高品质超弹性纤维莱卡(lycra),使内衣既紧贴体型,又毫无束缚,令女性身体舒展自如。

(二)内衣服装的特征

1. 功能性

(1)聚拢型。罩杯较深、较大则可以包容乳房,能够提供较多的向上拉力。无纺布杯,轻薄透气,柔软舒适,具有良好的包容性与承托性,帮助各种体型的女性打造迷人的胸部曲线。

(2)托高型。文胸舒适提胸,尽显性感娇媚,半杯式,细小的肩带,适合瘦小的身躯,小巧玲珑的乳房。有托高乳房的作用,使胸部造型挺拔。

(3)方便肩带。可随意更换的肩带,任意搭配,性感的脖后系带及军装风情铆钉贴片的双肩带,酷感十足,满足无限的创意与搭配需求,承托性好,保证穿着稳定,不下滑。

(4)美背型。超细系脖肩带以及后背一根带设计,贴身柔软,可搭配露背装,舒适美观,对胸部有较好聚拢效果,展现窈窕美背。

(5)前扣式。钩扣安装于前方胸罩,前搭扣设计,款式简洁大方,穿着方便,柔软富有弹力,呈现性感傲人身姿。

(6)无钢托。无钢托设计穿着更加舒适、柔软,上薄下厚的薄杯设计,使文胸没有钢托也一样可以有效承托胸部,令胸部保持自然圆润的形状。

2. 舒适性

无论是普通内衣还是塑身内衣,首先都要考虑舒适性。在舒适性的设计上,一般都强调面料的选择,内衣的面料主要有棉、莫代尔、莱卡,辅料有蕾丝、花边等。传统的面料主要为棉,大众接受度较高,具有良好的吸湿性和透气性,是内衣的理想面料;莫代尔具有良好的环保性,质地柔软、顺滑,有光泽,穿着舒适,频繁水洗后依旧柔顺;莱卡是美国杜邦公司推出新型高弹力纤维,具有较好的伸展性。

二、内衣服装的分类与设计特点

按照实用功能,内衣可分为普通内衣(基础内衣)、矫型内衣(塑身内衣)和装饰内衣(情趣内衣)三种。

1. 普通内衣

设计上注重实用性,提供最基本的生理需要,有保暖、吸汗、托护、透气等功能。材料的选择上多以棉、丝等天然纤维为主;色彩多以白色、肉色、素色居多;造型简约、结构合理、工艺精良,不做过多的装饰(图2-4-1~图2-4-4)。

2. 矫型内衣

设计上以改善和装饰人体的曲线为主,对人体某些部位进行弥补和调整。现代生活中,随着人们审美意识的增强和服装材料的多样化,调整型内衣与基础内衣的完美结合,成为大众的需求,也是未来设计发展的趋势。例如,束缚裤、填充文胸等的使用在日常生活中越来越普及(图2-4-5、图2-4-6)。

图 2-4-1　普通内衣设计一

图 2-4-2　普通内衣设计二

图 2-4-3　普通内衣设计三

图 2-4-4　普通内衣设计四

图 2-4-5　矫型内衣设计一

图 2-4-6　矫型内衣设计二

3. 装饰内衣

设计上要求具有强烈的装饰性、欣赏性，以表现性感、妩媚。其以造型独特、个性强烈、增加较多装饰元素来适应消费者的心态，以达到适合特定时间、场合穿着的目的（图 2-4-7、图 2-4-8）。

图 2-4-7　装饰内衣设计一

图 2-4-8　装饰内衣设计二

按照女士内衣的产品类别,可以分为胸衣、内裤。

胸衣的主要作用在于使女性乳房保持集中平衡,以提供正常的生理呵护,不会因运动而受到压迫。胸衣根据作用可以分为哺乳胸衣、运动胸衣等;根据杯型可以分为全杯型、半杯型等(图 2-4-9 ~ 图 2-4-12)。

图 2-4-9　胸衣设计一

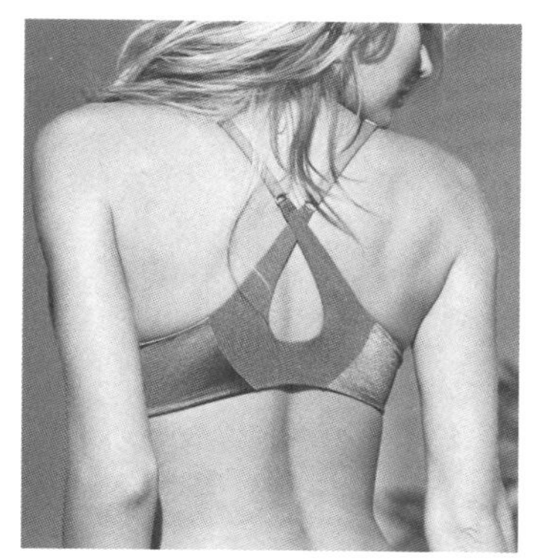

图 2-4-10　胸衣设计二

图 2-4-11　胸衣设计三

图 2-4-12　胸衣设计四

根据腰围设计，内裤可以划分为高腰、中腰、低腰三种；根据服装的穿着需要，又分为丁字裤、无痕内裤等（图 2-4-13 ~ 图 2-4-15）。

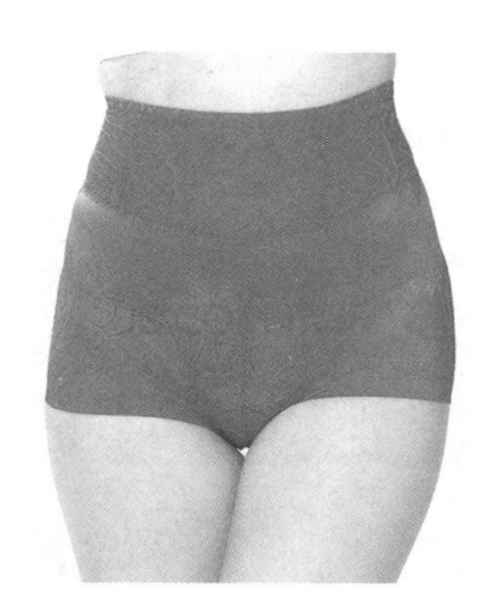

图 2-4-13　高腰内裤

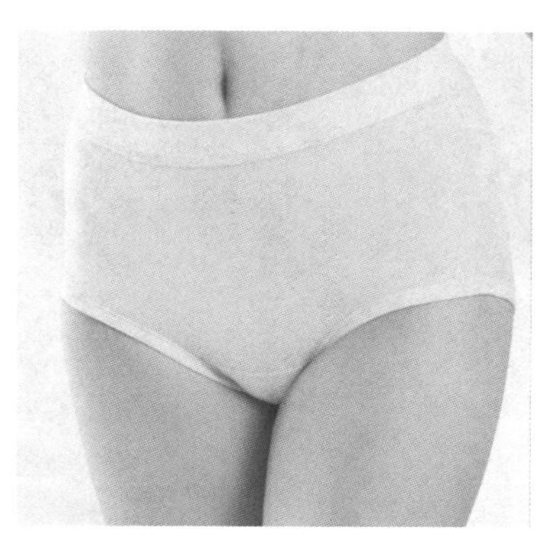

图 2-4-14　中腰内裤

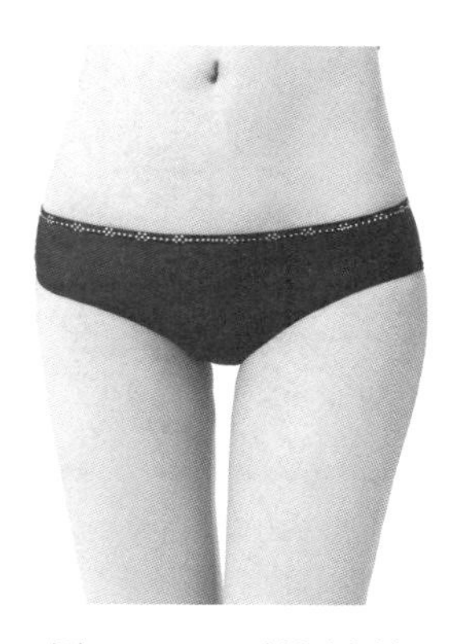

图 2-4-15　低腰内裤

三、内衣服装品牌案例

（一）爱慕(Aimer)

爱慕1993年诞生于中国北京(图2-4-16)。秉承“爱”与“美”的品牌理念，融科技于时尚，追求融合东西方文化的美学设计，为都市女性提供精致、时尚、优雅的产品和体验，展现万千姿彩的女性魅力，帮助女性做最好的自己、最美的自己。

图2-4-16　爱慕品牌内衣LOGO

爱慕旗下有Aimer Home、爱慕运动(Aimer Sports)、兰卡文LA CLOVER、BECHIC等品牌。

(1) Aimer Home作为爱慕集团旗下倾力打造精致且富于情调的创意家居品牌。致力于为中国都市家庭提供贴心、舒享的精致家居生活用品，创建并营造时尚、多元化的现代家居生活体验(图2-4-17～图2-4-19)。

图2-4-17　爱慕内衣一

图2-4-18　爱慕内衣二

图2-4-19　爱慕内衣三

(2) 爱慕运动(Aimer Sports)是爱慕集团旗下专业运动品牌，提供时尚、专业的功能性运动服饰及配件，让生活更美、更愉快、更健康(图2-4-20、图2-4-21)。

图2-4-20　爱慕运动内衣一

图2-4-21　爱慕运动内衣二

(3) 兰卡文(LA CLOVER)诞生于2004年，是爱慕集团倾力打造的梦想之作。奢华、性感、独具匠心的设计，考究的工艺，高级的面料，兼容的版型成就贴身艺术，致力于将意大利风情与东方美学完美融合,展现成功女性的神秘感(图 2-4-22 ~ 图 2-4-24)。

图 2-4-22 LA CLOVER 内衣设计一

图 2-4-23 LA CLOVER 内衣设计二

图 2-4-24 LA CLOVER 内衣设计三

(4) BECHIC 是爱慕集团旗下的高端时尚内衣会所,汇聚了来自法国、意大利等 10 余个国际顶级的内衣、泳衣、家居服品牌。传播欧式时尚潮流文化,为追求国际生活品质的高端消费者提供一站式的购物享受(图 2-4-25、图 2-4-26)。

图 2-4-25 BECHIC 内衣设计一

图 2-4-26 BECHIC 内衣设计二

(5) 慕澜(MODELAB)生于 2010 年,作为爱慕集团旗下美体内衣品牌,是集团专注内衣事业二十载的经典传承。慕澜依托爱慕集团人体工学研究机构,坚持舒适、健康、时尚兼容的设计理念,为成熟女性消费者提供内衣美体的解决方案。首创"软塑"美体新理念,致力于让顾客感知并享受身体变化的美好过程(图 2-4-27 ~ 图 2-4-29)。

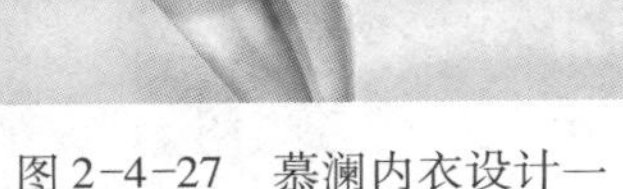

图 2-4-27　慕澜内衣设计一

图 2-4-28　慕澜内衣设计二

图 2-4-29　慕澜内衣设计三

（6）爱美丽（imi's）诞生于 2005 年，是爱慕集团旗下定位为“都市、活力”的平价轻奢内衣品牌。彰显时尚潮流文化，张扬个性与态度，为消费者提供物超所值的高品质产品及体验。爱美丽倡导独立、自信、勇敢、积极向上的精神，要勇敢做自己（图 2-4-30 ~ 图 2-4-32）。

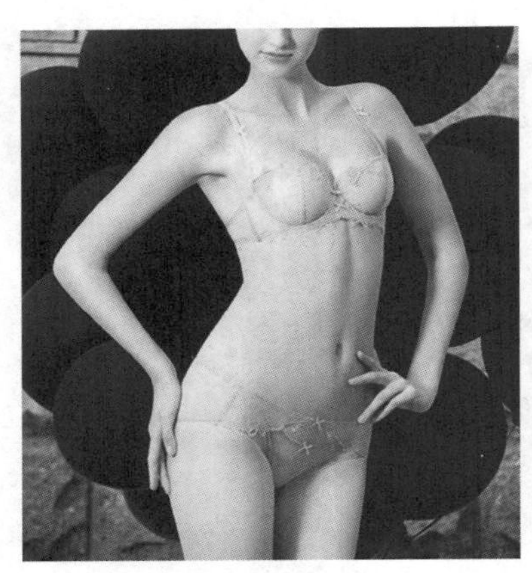

图 2-4-30　imi's 内衣设计一

图 2-4-31　imi's 内衣设计二

图 2-4-32　imi's 内衣设计三

（7）心爱（Shine love）诞生于 2010 年，作为爱慕集团旗下网络专享品牌，是“创造美、传递爱”企业使命的网络无线延伸。心爱传播正能量的内衣服饰理念，快速提供充满魅力、性感、浪漫的内衣及时尚服饰（图 2-4-33）。

图 2-4-33　Shine love 内衣设计

（二）古今

上海古今内衣集团有限公司是集研发设计、生产制造、市场营销、物流配送、电子商务等为一体运作的全品类内衣集团公司。品牌旗下品类主要有各类文胸、花式内裤、调整型塑身衣、休闲睡衣裙、新潮泳装、沙滩装和健美型内衣等六大系列产品（图 2-4-34 ~ 图 2-4-38）。

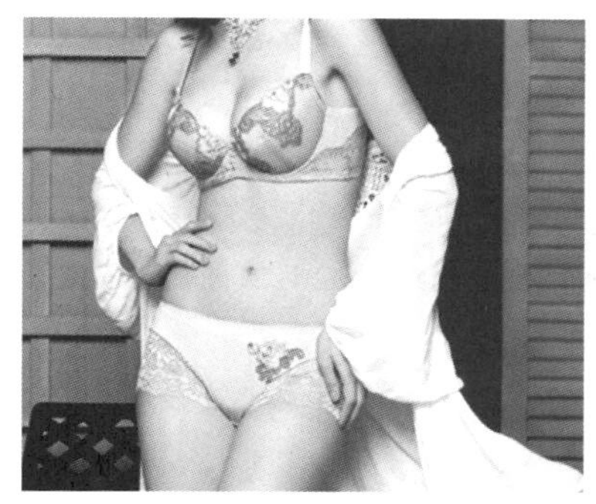

图 2-4-34　古今内衣设计一

图 2-4-35　古今内衣设计二

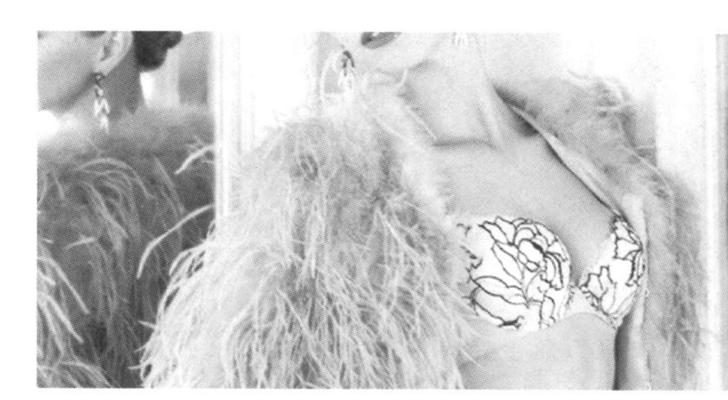

图 2-4-36　古今内衣设计三

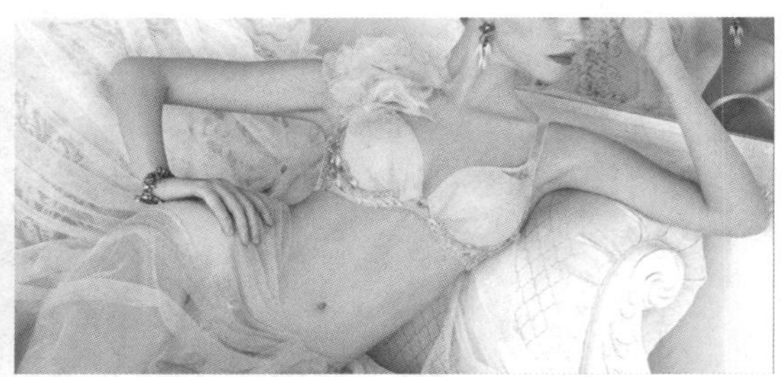

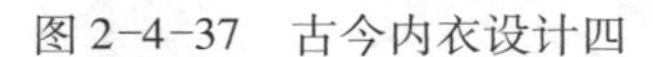

图 2-4-37　古今内衣设计四　　图 2-4-38　古今内衣设计五

（三）维多利亚的秘密（VICTORIA'S SECRET）

维多利亚的秘密是美国的一家连锁女性成衣零售店，主要经营内衣和文胸等。产品种类包括了女士内衣、文胸、内裤、泳装、休闲女装、女鞋、化妆品以及相关书籍等，是全球最著名的、性感内衣品牌之一。

维多利亚的秘密设计理念是魅力、美丽、时尚及浪漫。品牌种类分为基础型内衣及装饰型内衣。在装饰型的设计上，大多采用各种造型较强、面料较丰富的设计手段，表现夸张的风格（图 2-4-39 ~ 图 2-4-43）。

图 2-4-39　维多利亚的秘密内衣设计一

图 2-4-40　维多利亚的秘密内衣设计二

图 2-4-41　维多利亚的秘密内衣设计三

图 2-4-42　维多利亚的秘密内衣设计四

图 2-4-43　维多利亚的秘密内衣设计五

四、内衣服装流行趋势

（一）文胸

1. 面料

春夏内衣设计的趋势经过各种富有创造力的改良，更具有摩登风情。如采用拼贴复古蕾丝、3D 印花和穿孔薄纱等材质较薄的面料，适宜选择较为简单的廓型，例如三角罩杯、细肩带等，表现细腻精致的风格。蕾丝面料与硬朗的铆钉、绑带辅料相结合，表现出甜美而不失帅气的风格。将图案效果的蕾丝代替印花设计，增添了小女生般的轻松愉快（图 2-4-44、图 2-4-45）。

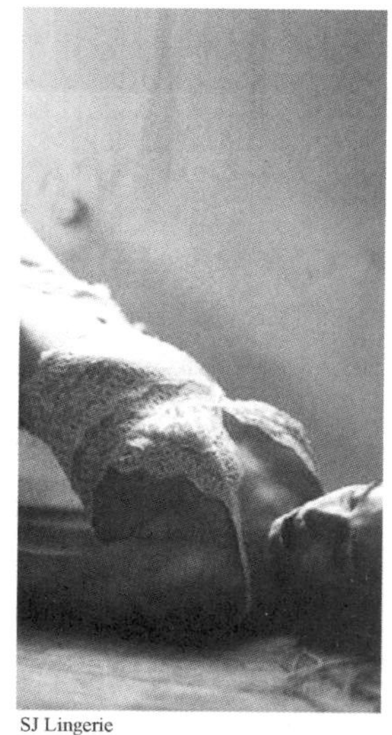

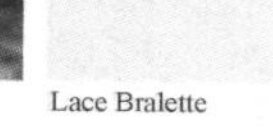

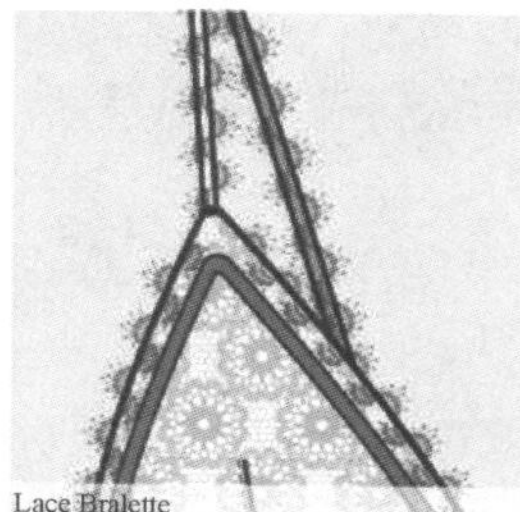

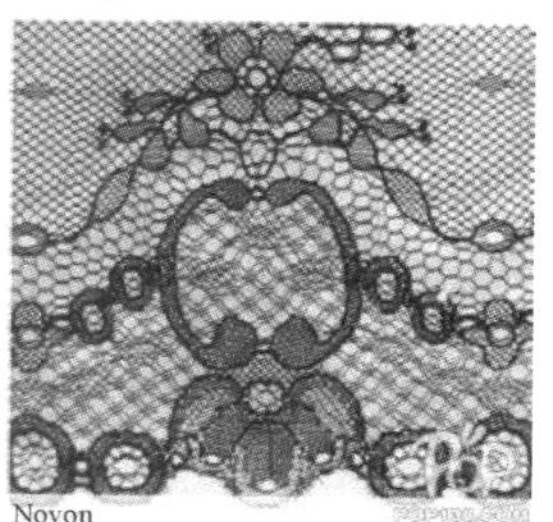

图 2-4-44　文胸面料设计一

图 2-4-45　文胸面料设计二

2. 色彩

内衣色彩的设计，一般根据分类来进行。基础型内衣大多选择素色的色彩搭配，符合大众的需求；装饰型内衣的色彩，相比较基础型就更为大胆，如红色和绿色的撞色搭配，更好地凸显设计主题（图 2-4-46）。

图 2-4-46　文胸色彩设计

3. 款式

基础型内衣主要以普通文胸、三角短裤为主，强调穿着的舒适性；装饰型内衣运用三角形文胸结合性感丁字裤，通过细节部位的图案设计，增加款式的新颖性，绑带式文胸款式则通过捆绑的手法，表现出性感的着装效果（图 2-4-47、图 2-4-48）。

图 2-4-47　款式设计一

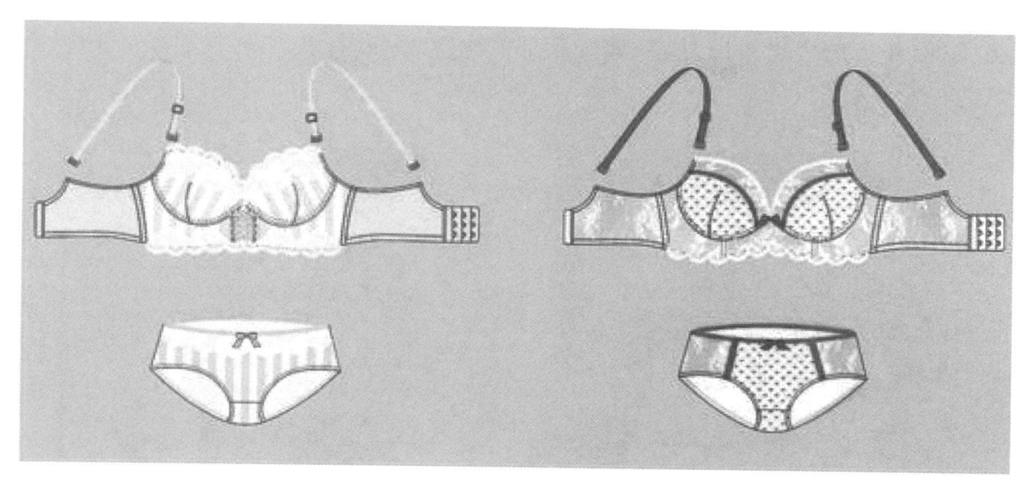

图 2-4-48　款式设计二

交叉式绑带款式设计搭配蕾丝面料，款式上采用无衬里三角形罩杯，打造穿着者身材修长的视觉效果。适宜作为时尚的单品，叠穿于透明或宽松的夏日外套之下（图 2-4-49、图 2-4-50）。

图 2-4-49　款式设计三

图 2-4-50　款式设计四

长线条文胸款式和露脐上衣款式相结合成中长款吊带背心，廓型修身，长度恰好到肚脐上方，可以作为内搭也可以外穿，加之领部的深V型设计，更加魅惑动人（图2-4-51、图2-4-52）。

图2-4-51　款式设计五

图2-4-52　款式设计六

沿着文胸的上围或下围或内裤边围缀上小荷叶边，荷叶边元素增添内衣浪漫的韵味（图2-4-53）。

图2-4-53　内衣风格细节设计

（二）内裤

女性日常短裤采用低腰廓型，在臀部饰有重叠细节。由弹力蕾丝或是超细微纤维材质制成，该廓型呈现出几近裸色的外观和质感。通过激光切割或是黏合饰边，达到无痕效果（图2-4-54～图2-4-56）。

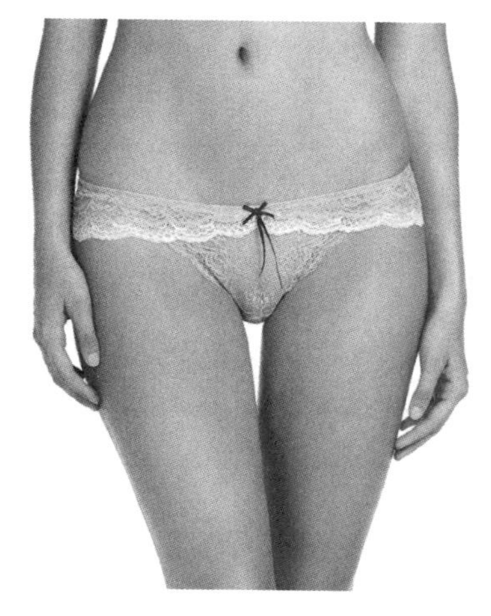

图 2-4-54　内裤设计一

图 2-4-55　内裤设计二

图 2-4-56　内裤设计三

条带式短裤款式紧窄、覆盖面低，多采用素色平纹针织布料制成，呈现出比基尼下装般的风格。后片的半包臀设计，进一步夸张了设计风格（图 2-4-57 ~ 图 2-4-59）。

图 2-4-57　内裤设计四

图 2-4-58　内裤设计五

图 2-4-59　内裤设计六

丁字裤廓型一向受消费者追捧，设计师采用高腰线设计对其进行改良。面料上采用弹力微纤维面料，或蕾丝面料，再现 20 世纪 80 年代的短裤风格（图 2-4-60 ~ 图 2-4-62）。

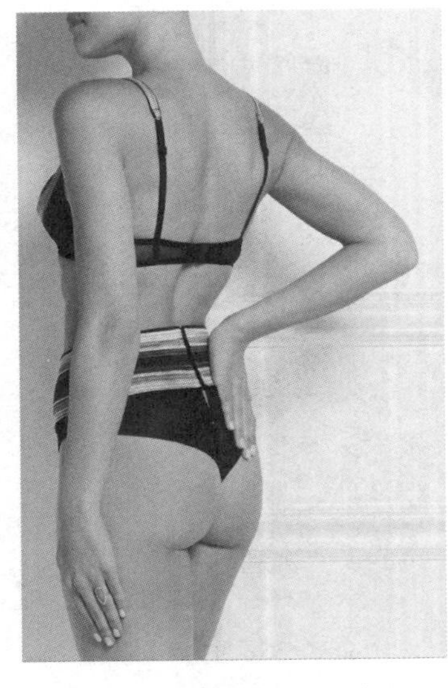

图 2-4-60　丁字裤设计一

图 2-4-61　丁字裤设计二

图 2-4-62　丁字裤设计三

运动内衣的设计上采用带有撞色标语或是条纹图案的提花弹力腰带，增添运动风格，舒适的棉布混纺平纹针织面料满足了女性穿着所需要的无痕效果。运动风格的内衣设计，受到年轻人的追捧（图 2-4-63 ~ 图 2-4-65）。

图 2-4-63　运动内裤设计一

图 2-4-64　运动内裤设计二

图 2-4-65　运动内裤设计三

任务实施

五、内衣服装设计

（一）收集相关素材

首先了解任务的主要设计内容，查阅相关服装专业网站与资讯，了解最新的服装流行趋势，包括服装色彩趋势、面料趋势等，并分析调研数据，整理归档与主要设计内容相关的重要素材，待设计之用（图 2-4-66）。

图 2-4-66　灵感来源

（二）分析款式设计要点，拟定设计主题

根据收集到的相关流行趋势的资料，进行款式设计要点分析，特别是廓型设计、细节设计等，并注入新的设计要素，拟定设计主题（图 2-4-67、图 2-4-68）。

图 2-4-67　设计主题一的灵感来源

图 2-4-68　设计主题二的灵感来源

（三）内衣服装款式设计

设计主题一：水中天使

“水中天使”内衣设计灵感来源于深海中虚幻的美人鱼，给人们一种忧郁的美丽，人鱼的鱼鳞用蕾丝花边来表现，采用贝壳纹样来表现人鱼的鳞片美，传说中的人鱼上半身宛如天使，下半身是鱼，网状蕾丝营造出人鱼下半身若隐若现的效果（图 2-4-69）。

设计主题二：花之嫁衣

“花之嫁衣”内衣设计灵感来源于花卉，款式上采用花卉的造型，以曲线分割为主，展现

图 2-4-69 “水中天使”系列内衣设计

女性婀娜多姿的身影;色彩上运用紫色,体现梦幻、性感;以蕾丝和闪光面料为主,蕾丝面料体现女性特有的妩媚,特别是内衣的设计上,蕾丝镂空与花卉图案的结合若有若无,形成虚实对比、宛如梦幻的视觉效果(图 2-4-70)。

图 2-4-70 “花之嫁衣”系列内衣设计

任务拓展

通过市场调研,结合当下内衣服装流行趋势,完成 6 ~ 8 款内衣的款式设计。风格不限,表现形式不限。

任务五　演出服装设计

任务描述

演出服装是演员在演出中穿用的服装，是塑造角色外部形象，体现演出风格的重要手段之一。演出服装源于生活服装，但又不同于生活服装。本任务通过了解演出服装穿着要求及流行趋势，进行创新设计（表2-5-1）。

表2-5-1　设计任务要求

设计任务	演出服装设计与表达
	自拟主题，运用演出服装设计要点，完成叁石品牌演出服装的款式设计
产品风格	个性张扬，夸张，色彩对比强烈，符合舞台服装要求
设计要求	1. 运用舞台服装款式设计要点进行设计 2. 款式设计符合当下流行趋势
设计内容	1. 设计主题的设定 2. 服装效果图 3. 服装款式图 4. 标注设计说明
设计条件	1. 班级分为五个项目小组，每组设组长一名 2. 绘图笔、纸、颜料等
设计表达	1. 款式设计、廓型要符合演出服装穿着要求及流行趋势 2. 结构设计要符合工艺要求，穿脱方便 3. A4图纸手绘或打印提交整体设计方案
完成时间	8学时

相关知识

演出服装是针对演出的特定环境所设计的服装，不同的演唱方式也决定演出服装的不同造型和设计构思。例如美声、流行歌曲、民歌、歌剧等，文化背景不同，演绎形式不同，也造就了服装的表现风格和形式的差异。

例如中式的戏曲，演员们身穿各色带有花饰的长袖袍子，头戴面具，脚蹬高底靴。服装的色彩和对比度都为了突出演员夸张的造型，让观众在远距离内能清楚辨认为目的（图2-5-1）。

图 2-5-1 戏曲服装

一、演出服装的基本概念和特征

（一）基本概念

演出服装设计所涉及的范围十分广泛，包括社会规划、理论模型、产品设计和工程组织方案的制定等。当然，演出服装设计的目标体现了人类文化演进的机制，是创造审美的重要手段（图 2-5-2、图 2-5-3）。

图 2-5-2 演出服装设计一

图 2-5-3 演出服装设计二

演出服装设计的任务不仅仅满足个人需求，它同时需要兼顾社会、经济、技术、情感、审美的需要。不同的时代、不同的地区的舞台服装具有不同的塑造舞台形象的手法，但总括起来演出服装应符合下列要求：

（1）帮助演员塑造角色形象。

（2）有利于演员的表演和活动。

（3）设计应力求与全剧的演出风格统一。

（4）满足广大观众的审美要求。

（二）色彩特征

演出服装色彩虽然要以色彩学的基本原理为基础，然而，它毕竟不是纯粹的造型艺术作品，也不是生活中可穿着的服装，所以在色彩上有其特殊性。

色彩要以人的形象为依据。因此，演出服装色彩设计须因任务角色而异、因款式而异。演出服装具有极强的张力和表现力，因此，在演出服装的色彩设计上不能仅从静态形式去表现，还需考虑演员动态状态下服装色彩的视觉冲击力。因此，在进行色彩设计时，不仅要考虑色彩的平面效果，还要考虑立体效果，服装穿着以后两侧及背面的色彩处理，并注意每个角度的视觉平衡。

演出服装是流动的绘画，会随着人体的活动进入各种场所。所以与环境色的协调也是演出服装色彩设计必须注意的。在一套演出服装的色彩设计中，色彩不宜过多，除印花面料的颜色以外，一般不要超过三种颜色。

演出服装的色彩设计不仅要具有艺术性，还要考虑其实用性；不仅要注意其个性，更要顾及其共性，即流行性，流行的东西是大众的东西，这样才能更好地体现演出服装的经济价值和社会意义。

二、演出服装的分类与设计特点

（一）戏曲演出服装

戏曲服装习称“行头”，由戏衣、盔头、戏鞋组成。它是塑造角色外部形象的艺术手段，体现人物的身份、年龄、职业等特点，并显示剧中特定的时代、生活习俗和规定情境等（图2-5-4、图2-5-5）。

从属于中国传统戏剧表演艺术的戏剧服装，属于“写意艺术体系”，是一种由生活化服装加工提炼而成的艺术化服装，在某种程度上类似于历史生活服装又并非历史生活服装，而妙在似与不似之间的意象化服装。传统戏剧服装凭借和依赖物态化了的服装美学意蕴，与传统戏剧表演的程式性、虚拟性和假定性相匹配，以“为人物的传神抒情”服务为最高的美学追求目标。具有程式之美、律动之美、装饰之美和符号之美的意蕴。

传统戏曲服装最大的特点是程式化很强，有一套严格的穿戴规制——“衣箱制”。以固定的戏曲专用设备及其应用制度，服务于不同题材古典剧目的一切演出。

传统戏衣的款式分为蟒、靠、帔、褶、衣五大类，其中衣类又细分为长衣、短衣、专用衣、配衣四类。

戏曲服装中还有“三白”——护领白、水袖白、靴底白。在服装设计过程中通常要保留水袖，水袖是演员在舞台上夸张表达人物情绪时放大、延长的手势（图2-5-6～图2-5-8）。

图 2-5-4　戏曲服装一

图 2-5-5　戏曲服装二

图 2-5-6　戏曲服装三

图 2-5-7　戏曲服装四

图 2-5-8　戏曲服装五

（二）影视剧服装

影视剧服装，根据影片中人物的职业、身份、年龄、个性和生活习俗，对演戏穿用的衣着服饰进行设计。用以显示影片中特定的年代、民族、地区和特定的情境。

以当下比较火的清朝宫廷剧《甄嬛传》来分析影视剧服装设计。从服装外型上看，与当时的服装形制无异，但细细琢磨，会发现影视剧的服装设计在尊重历史的同时，适当地迎合了当下人们的服装时尚审美。首先，图 2-5-9 中上衣服装款式为大襟绸缎衫，内套窄袖绣花小衫。实际上，就甄嬛当时的身份地位，加上清朝初期的服饰特点，服装应为多层镶滚边的大襟衫；服装图案若隐若现，颜色淡雅、恬静，呈渐变色，而实际上，服装花纹图案采用现代的喷墨打印技术，颜色选用清雅的绿色，青、碧、绿等色彩在元明清三代为“贱”色，色彩、图案上的选择恰当地反映现代人对清代书香门第闺秀人物的服装设定。清代受程朱理学影响甚深，衣服穿在身上，多以二维形式呈现，影视剧服装为了迎合当下审美，服装不仅前凸后翘，还略显身材。在人物配饰的细节设计上，充分反映了人物性格、民族、财力等因素

（图 2-5-10）。

图 2-5-9　影视剧服装一

图 2-5-10　影视剧服装二

（三）演唱会演出服装

演唱会服装由专业的服装设计师根据演唱会的主题风格、人物特性，对演唱会舞台人员穿用的衣着服饰进行特别的设计（图 2-5-11）。

图 2-5-11　演唱会演出服装

演唱会服装分为流行时尚型和传统型。流行时尚型演唱会服装一般多为时尚明星穿用，服装设计符合明星个人特色，并引领时尚潮流；传统型音乐会服装一般多为民族、美声歌唱家穿用，服装造型以礼服形式呈现。近些年来，由于时尚流行演唱会服装的大力冲击，传统型音乐会服装从视觉冲击力和个性时尚元素上，都有改变。

三、演出服装设计案例

美国拉丁歌后碧昂斯在2014年“卡特夫人秀”的世界巡回演唱会期间，展示了许多世界知名设计师的服装，其中包括了意大利知名品牌璞琪(Emilio Pucci)。Emilio Pucci 此次共为碧昂斯设计了三款舞台服装，第一款华丽的设计配上高腰粉彩短裤，突出了20世纪60年代的迷幻风格；第二款是20世纪90年代能够突出性感腰翘的“黑帮造型”，全身黑色皮装，双排扣外套，过膝长筒靴，一顶大的宽边帽，还有碧昂斯最喜欢的渔网袜；第三款是闪闪发光的黑色紧身衣，搭配有四条银色拉链的过膝长靴。其他的设计还包括绿色穗状迷你裙和深V领紧身衣；第四款为范思哲高级定制，白色并镶满银色钉饰的紧身短裙，此款为演唱会开场服装(图2-5-12～图2-5-18)。

Emilio Pucci 的创意总监彼得·邓达斯(Peter Dundas)表示，他们为碧昂斯设计的这些服装从历年秋冬时装秀上得到灵感，并通过编织物和其所占比例来重新诠释“摇滚女神”这一主题。

图2-5-12　碧昂斯演出服装设计一

图2-5-13　碧昂斯演出服装设计二

图 2-5-14 碧昂斯演出服装设计三

图 2-5-15 碧昂斯演出服装设计四

图 2-5-16 碧昂斯演出服装设计五

图 2-5-17 碧昂斯演出服装设计六

图 2-5-18 碧昂斯演出服装设计七

四、演出服装流行趋势

（一）廓型

古装服饰既要传承传统服装的服装形制又要迎合现代人的审美，在廓型设计上，以 A 型、H 型廓型居多。简单的线条，宽松叠搭的装饰效果，表现出演出服装的层叠的立体感（图 2-5-19）。

图 2-5-19　演出服装廓型设计

（二）面料

为了表现演出效果，演出服装面料的选择更为严格，一般根据演出风格来进行面料材质的选择。如影视剧《琅琊榜》中男主角的服装面料质感高档、细腻，布料的肌理暗纹、长袍衣领处有多层细褶处理等，各种服装细节的呈现不仅表现出穿着人物的文人儒雅之风，也彰显男主角沉稳内敛的性格（图 2-5-20、图 2-5-21）。

图 2-5-20　演出服装面料设计一

图 2-5-21　演出服装面料设计二

（三）色彩

古装影视剧中服装的色彩设计，一般根据人物特点来进行服饰配色。如影视剧《琅琊榜》中服饰道具都是按照汉代礼制而设置，男子服装的色彩按照身份地位定深浅，越是身份高贵者服饰颜色越深，皇帝的服饰是纯黑色，而百姓则是普通的间色（图 2-5-22 ~ 图 2-5-24）。

图 2-5-22　演出服装色彩设计一

图 2-5-23　演出服装色彩设计二

图 2-5-24　演出服装色彩设计三

（四）配饰设计

配饰设计是影视剧服装设计中一大亮点。通过配饰，可以体现人物角色的身份、地位、喜好，以及影视剧所处的年代。如中国传统古装剧中皇后的凤冠，均是凤凰展翅的造型，材质采用黄金、宝石等，以体现佩戴者的身份；而民间百姓则是普通的步摇，通过步摇的造型及材质，表现人物角色的性格特征（图 2-5-25、图 2-5-26）。

图 2-5-25　细节设计一

图 2-5-26　细节设计二

任务实施

五、演出服装设计

（一）收集相关素材

首先了解任务的主要设计内容，查阅相关服装专业网站与资讯，了解最新的服装流行趋势，包括服装色彩趋势、面料趋势等，并分析调研数据，整理归档与主要设计内容相关的重要素材，待设计之用。

（二）分析款式设计要点，拟定设计主题

根据收集到的相关流行趋势的资料，进行款式设计要点分析，特别是廓型设计、细节设计等，并注入新的设计要素，拟定设计主题。

（三）演出服款式设计

“游园惊梦”系列演出服装设计结合了古徽州的云肩元素和木芙蓉花，款式上运用了优雅的鱼尾裙摆和立领中式设计，将江南女子温婉如水、恬淡沉静的性格体现出来。云肩上有细腻精致的刺绣花纹，裙摆采用渐变加褶皱的设计，形似木芙蓉花瓣造型（图 2-5-27）。

图 2-5-27　“游园惊梦”系列演出服装设计

任务拓展

通过市场调研，结合当下服装流行趋势，完成 6 ~ 8 款演唱会服装的款式设计，男女装不限，风格不限，表现形式不限。

项目三　服装展示发布

1. **知识目标**

（1）理解服装展示发布的分类。

（2）掌握服装静态展示设计的要点。

（3）掌握服装动态展示的场地分类。

2. **能力目标**

（1）能进行服装静态展示的设计与制作。

（2）能进行服装动态展示方案的设计。

（3）能独立策划服装展示发布。

3. **素质目标**

（1）团队能力。发挥共同学习、互帮互助的团体合作精神。

（2）爱岗敬业。具有社会责任感和强烈的事业心，培养良好的职业道德。

（3）学习能力。主动学习，使用各种渠道获取学习资料，有强烈的求知欲。

（4）操作能力。培养学生实际动手能力和解决问题的能力。

任务一　静态展示发布

任务描述

橱窗店面展示是视觉营销的最前沿，是吸引顾客关注，并引导他们进店浏览、购物的第一步。一个成功的橱窗应归功于设计师的创意和陈列技巧，所以橱窗的设计方案至关重要（表3-1-1）。

表3-1-1　设计任务要求

<table>
<tr><td rowspan="2">设计任务</td><td>静态展示设计</td></tr>
<tr><td>自拟主题，完成服饰静态展的设计</td></tr>
<tr><td>设计要求</td><td>1. 运用静态展示的知识点进行布展
2. 所使用人模、道具等均能表现主题</td></tr>
</table>

（续表）

设计条件	1. 班级分为四个项目小组，每组设组长一名 2. 自备材料
完成时间	6 学时

相关知识

橱窗店面展示是传播品牌文化和销售信息的载体，销售是橱窗店面展示最主要的目的。

一、橱窗店面展示的作用和分类

（一）橱窗店面展示的概念

橱窗店面展示通过最大限度地调动消费者视觉神经，达到引导购买的目的。橱窗对于卖场来说非常重要，比电视媒体、平面媒体更具说服力和真实感，具有更直观的展示效果。成功的橱窗可以反映出品牌的个性、风格以及传播品牌文化。

销售终端中，橱窗扮演着“灵魂和眼睛”的角色，橱窗的好坏几乎与品牌的生命力同在。在进行设计之前，对橱窗设计的原则进行分析和探讨是很有必要的，只有掌握橱窗设计的基本原则才能够进一步地策划设计方案。

（二）橱窗店面展示的分类

橱窗是卖场中不可或缺的部分，它不是孤立的。在构思橱窗设计时应把橱窗放在整个卖场中考虑。

1. 从区域分布划分

分为店头橱窗、店内橱窗（图 3-1-1、图 3-1-2）。

图 3-1-1　店头橱窗

店头橱窗，一般在店面的左侧或右侧，为半封闭、封闭方式，是以场景式内容为主体进行的橱窗装饰。消费者可以通过店头橱窗直观地了解到品牌服饰的风格及最新一季的服装。在设计时，应结合品牌的风格抓住消费者的心理。

店内橱窗的设计一般在店内消费者最容易浏览到的位置。一般摆放的是新品款式，吸引消费者。

图 3-1-2　店内橱窗

2. 从装修形式划分

分为通透式橱窗、半通透式橱窗和封闭式橱窗(图 3-1-3 ~ 图 3-1-5)。

图 3-1-3　通透式橱窗

图 3-1-4　半通透式橱窗

图 3-1-5　封闭式橱窗

通透式橱窗即没有任何遮挡物，完全敞开式的陈列服装新品，这种方式给消费者一目了然的视觉效果；半通透式橱窗通过屏风、镂空材料等方式，若隐若现地展示出店内服装；封闭式橱窗，为突出服装展示主题，完全封闭成一个独立的空间，通过场景式静态展示来表现服装品牌风格。

（三）橱窗店面展示设计的基本方式

橱窗设计的手法多种多样，根据品牌风格的不同可以对橱窗进行不同的设计。目前，国内大多数服装品牌销售终端的主力卖场，主要是以单门面和两个门面为主。根据这种情况，以三个人模为例来介绍橱窗设计的基本方法。

1. 人模着装组合变化

在橱窗展示中，人模和服装是橱窗设计中最基本的元素，这两个元素的运用也极为重要。人模着装组合变化主要有以下三种形式。

（1）横向位置变化。在横向的间距上进行变化，整个组合保持一种规律美感，同时透出一丝微妙变化（图 3-1-6、图 3-1-7）。

图 3-1-6　横向位置变化一

图 3-1-7　横向位置变化二

（2）前后位置变化。通过前后位置的变化，可以使橱窗的空间变得富有层次感。人模间距相等，通过中间人模的前后移动，使组合发生变化；或通过间距和前后位置的变化丰富效果（图 3-1-8、图 3-1-9）。

图 3-1-8 前后位置变化一

图 3-1-9 前后位置变化二

（3）通过对人模的编排，进行方向上的变化，则更加美观（图 3-1-10、图 3-1-11）。

图 3-1-10　自由排列一

图 3-1-11　自由排列二

2. 综合性变化组合

橱窗设计主要采用平面构成和空间构成原理，通过对称、均衡、节奏等构成手法，根据品牌风格的不同等进行构思和设计。综合性变化组合主要有以下三种类型。

（1）简洁构成式设计。这类橱窗设计风格相对简洁、格调高雅，使用范围较广，涉及高档服装及大众化服装。主要设计思想是用简洁的语言，让消费者把目光聚焦到服装本身，橱窗的背景设计较为简洁，通过服装色彩的搭配以及人模的组合形式进行设计。

具体设计表现在人模位置、排列方式、服装色彩和面积大小变化，色彩和造型的上下位置穿插，通过服装和人模等元素的组合和排列，营造出橱窗的节奏感和韵律感（图 3-1-12、图 3-1-13）。

图 3-1-12　简洁构成设计一

图 3-1-13　简洁构成设计二

(2) 生活场景式设计。主要以一种场景式的设计手法来营造一种氛围和品牌故事。通常采用写实的手法,既有亲和感,又容易拉近与消费者的距离(图 3-1-14、图 3-1-15)。

图 3-1-14　生活场景式设计一

图 3-1-15　生活场景式设计二

(3) 夸张式设计。橱窗的首要任务是吸引消费者,因此夸张式的设计也是常用的手法之一。往往采用非常规的设计手法,追求视觉上的冲击力。例如,色彩上打破常规的手法,或在道具的使用上突破,以达到吸引消费者的目的(图 3-1-16、图 3-1-17)。

图 3-1-16 夸张式设计一

图 3-1-17 夸张式设计二

二、样品宣传手册展示

（一）样品宣传手册

样品宣传手册一般放在专卖店中，供顾客了解新品，倾向于展示品牌风格。这种风格的展示有两种类型，一种是请模特穿着样衣，在特定的场景中拍摄，展现服装新品的造型、色彩、面料及配饰等；另一种是外景拍摄，通过环境的渲染更有感染力，更能体现出品牌文化。外景拍摄相对成本较高，主要展示品牌文化、新产品的设计感和品牌所提倡的生活理念等，给顾客以感性的认识，在宣传品牌的同时，稳固品牌文化的影响力（图 3-1-18、图 3-1-19）。

图 3-1-18 样品宣传手册一

图 3-1-19　样品宣传手册二

（二）网站宣传

在互联网高速发展的今天,品牌服装的网站设计也显得格外重要。网站宣传弥补了样品宣传手册的不足,不仅展现服装图片,更通过网站的色调、文字、音乐、Flash 特效等体现品牌服装文化和品牌设计理念(图 3-1-20、图 3-1-21)。

（三）微信公众号

随着互联网的极速发展,人们已经不满足于运用网站了解品牌相关信息,更多地通过手机关注微信公众号来认识和了解服装品牌以及服装最新的单品,不仅快速,而且便捷。服装品牌通过公众号平台,发布最新一季服装发布会视频,展示最新单品,或者相关款式折扣,或者是会员优惠等活动,为品牌宣传搭建了良好的平台(图 3-1-22 ~ 图 3-1-24)。

图 3-1-20　网站宣传一

图 3-1-21 网站宣传二

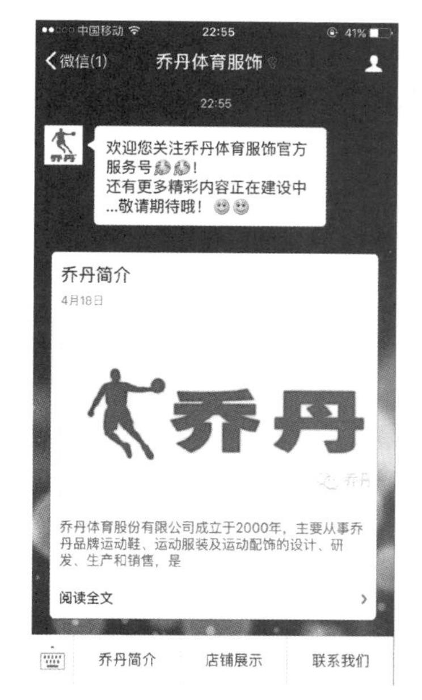

图 3-1-22 微信公众号一

图 3-1-23 微信公众号二

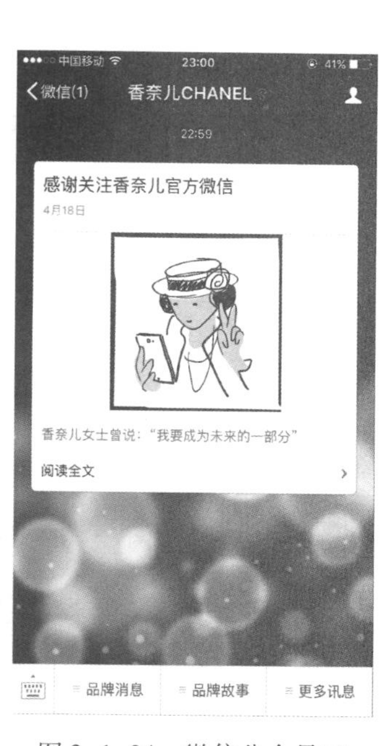

图 3-1-24 微信公众号三

任务实施

三、静态展示设计

（1）根据女装、男装、童装等主题，风格不限，选择合作的卖场，与卖场开发部沟通交流，了解和熟悉卖场内部及外部环境，根据服装品牌风格进行产品静态展示方案的设计。

（2）与卖场开发部门沟通，根据服装品牌风格进行静态展示方案设计，方案通过后，采购相关道具来进行静态展示设计。选择男装休闲品牌进行展示，采购展板、丙烯颜料、胶带、画笔等工具，进行棋盘的绘制（图 3-1-25）。

图 3-1-25　材料的准备

（3）绘制棋盘后，制作棋子并摆放在棋盘上，作为静态展示的背景。在棋盘前摆放一个坐姿和一个站姿的男模，分别穿着中式休闲装，用以表现服装品牌的风格，即以休闲式场景来表现男装（图 3-1-26）。

图 3-1-26　静态展制作过程

（4）根据卖场需求，男装静态展示设计完成摆放在电梯口位置，消费者乘坐电梯即可看到展示，通过吸引消费者，扩大服装品牌影响力（图 3-1-27）。

图 3-1-27　静态展示效果

任务拓展

选择合适的卖场，进行服装静态展示的设计。风格不限，要求通过所学知识，合理利用人模和道具来展现服装风格。

任务二　动态展示发布

任务描述

动态展示是服装品牌常用的宣传方式，成为展示新品的主要窗口，是吸引代理商下单的有力手段，主要形式有发布会、订货会和博览会。

相关知识

服装展示一方面可以通过静态展示，另一方面也可以通过动态来展示，如服装发布会等，通过灯光、道具、音乐等来宣传服装品牌。

一、发布会

（一）基本概念

发布会一般指服装表演，通过表演的形式展现完整的着装状态。通常以走秀方式呈现给媒体、代理商和消费者等特定群体。体现品牌文化与精神，发布设计师的设计理念，是聚合时尚文化产业的展示盛会（图 3-2-1、图 3-2-2）。

图 3-2-1　CHANEL 时装秀发布会

图 3-2-2　时装秀发布会

（二）分类

发布会按照场地可以分为室内发布会和室外发布会，可根据服装风格进行场地的选择。

1. 室内发布会

一般传统的发布会都会选择室内，灯光、音效和观赏环境质量较高，在室内的环境中，观赏者对服装表演本身的氛围更敏感、更关注（图 3-2-3）。

图 3-2-3 室内发布会

2. 室外发布会

发布会场面较宏大，可借助外部环境渲染服装氛围（图 3-2-4）。

图 3-2-4 室外发布会

二、订货会

(一) 基本概念

服装订货会是指品牌服装公司面向专业客户开放，并争取订单的产品推广形式。服装企业邀请经销商、加盟商集中订货，再根据客户订单分批、分次出货的一种市场运营方式。

各品牌服装企业每年至少要开两次以上订货会，主要分为春夏、秋冬两季订货会，企业通过订货会现场的模特展示、导购解说引导客商订货，最后根据订货量，制定、安排全年的生产、销售计划，订货会是服装企业最主要的运营方式（图 3-2-5 ~ 图 3-2-8）。

图 3-2-5　服装订货会现场一

图 3-2-6　服装订货会现场二

图 3-2-7 服装订货会现场三

图 3-2-8 服装订货会现场四

（二）订货会操作过程

（1）组织产品四季发布会或订货会，设计订货会走台产品的视觉宣传册，产品组合陈列方案，模特造型确认，舞台效果设计，媒体宣传等一系列工作准备。

（2）需补充季节产品设计，丰富发布会或订货会产品推广主题定位及主题宣传，完善订货会。

（3）上述准备工作完成后，策划、印刷发布会或订货会企业产品宣传册、首席设计师宣传、产品面料特点宣传和工艺宣传等一系列相关发布会所需资料的工作。

（4）组织新闻媒体形成新闻稿、设计师专访、投资人专访等一系列活动宣传品牌，扩大品牌影响力。

(5) 组织发布会走台,模特、造型、灯光、发布会拍摄的一系列相关工作具体落实情况。

(6) 根据服装发布会内容设置舞台监督,控制发布会现场走台的相关工作,保证发布会顺利完成。

通过以上六个过程的计划和实施,完成服装订货会的相关工作内容。

(三) 订货会举行内容

1. 举行时间

春夏订货会一般都安排在上一年度的九、十月份,秋冬订货会一般安排在当年的四、五月份。大的品牌企业一年会举办四次订货会,每个季度一次。

2. 举行地点

服装订货会多在酒店、企业经营场地举办。

3. 参会对象

各品牌服饰的经销商、加盟商、直营店、联营店和私营店。

4. 展示形式

厂家将服装按品牌、条码、款号、颜色进行不同的货架展示,将展区分为几块,由不同的模特、导购人员进行讲解、展示。

三、博览会

(一) 基本概念

博览会指由组织机构承办的大型的服装订货会。博览会参会人数多、信息量大,是行业企业间交流与学习的桥梁。博览会是以展览为主、订货目的为辅的展示活动,具体有中国国际服装服饰展览会、中国国际纺织面料及辅料展览会和中国国际纱线展览会等(图3-2-9 ~ 图3-2-12)。

图3-2-9 博览会一

图 3-2-10 博览会二

图 3-2-11 博览会三

图 3-2-12 博览会四

参 考 文 献

[1] 牛继舜,龙琼,白玉岑,曹可心. 服装品牌传播[M]. 北京:经济日版出版社,2015.

[2] 刘晓刚. 专项服装设计[M]. 上海:东华大学出版社,2008.

[3] 刘晓刚. 服装设计实务[M]. 上海:东华大学出版社,2008.

[4] 张建兴,项敢. 成衣设计——女装项目设计实战[M]. 北京:中国轻工业出版社,2012.

[5] 王家馨. 服装设计师训练教程[M]. 北京:中国纺织出版社,2009.

[6] 韩阳. 卖场陈列设计[M]. 北京:中国纺织出版社,2006.

[7] 王银明,孙斌. 服装设计与项目实战[M]. 南京:江苏凤凰美术出版社,2014.

[8] 丰蔚. 成衣设计项目教学[M]. 北京:中国水利水电出版社,2010.

[9] 朱远胜. 面料与服装设计[M]. 北京:中国纺织出版社,2008.

[10] 迈德斯. 时装·品牌·设计师:从服装设计到品牌运营[M]. 2 版. 北京:中国纺织出版社,2014.

[11] 徐恒醇. 设计美学[M]. 北京:清华大学出版社,2006.

[12] 玛卡瑞娜·圣·马丁. 服装细节设计 1000 例[M]. 南昌:江西美术出版社,2012.

[13] 山本耀司. 做衣服:破坏时尚[M]. 长沙:湖南人民出版社,2014.

[14] 朱迪斯·沃特. 时尚文化丛书:亚历山大·麦昆[M]. 重庆:重庆大学出版社,2014.

[15] 杰妮·阿黛尔. 时装设计元素:面料与设计[M]. 北京:中国纺织出版社,2010.

[16] 杰奎琳·麦克阿瑟. 时装设计元素:造型与风格[M]. 北京:中国纺织出版社,2013.

[17] 索格. 时装设计元素[M]. 北京:中国纺织出版社,2008.

[18] 艾丽诺·伦弗鲁. 时装设计元素:拓展系列设计[M]. 上海:中国纺织出版社,2010.

[19] 胡叶娟. 现代婚礼服装饰的民族性研究[D]. 芜湖:安徽工程大学纺织服装学院,2010.

[20] 赵相林. 我国主要运动服装企业品牌战略管理的研究[D]. 北京:北京体育大学,2013.

[21] 李峻. 基于产品平台的品牌服装协同设计研究[D]. 上海:东华大学,2013.

[22] 秦天芝. ZARA 品牌的运营模式分析及对中国服装业的启示[D]. 海口:海南大学,2015.

[23] 周颖. 服装零售业态创新——基于 ZARA、H&M 等快速时尚品牌的研究[J]. 改革与战略,2011(8).

[24] 方婷,冯爱芬. 浅谈服装设计中人体工效学的应用[J]. 天津纺织科技,2012(6).

[25] 金智鹏. 建筑与服装[J]. 科技信息(学术研究),2006(7).

[26] 倪一忠. 从人体工程学谈服装的舒适性和功能性[J]. 四川丝绸,2006(1).

[27] 徐雯. 论现代纤维艺术的特质[J]. 装饰,2004(4).

[28] 吴庆洲. 中国古建筑脊饰的文化渊源初探[J]. 华中建筑,1997(2).